TUMU GONGCHENG

应用型本科院校
土木工程专业系列教材

YINGYONGXING BENKE YUANXIAO
TUMU GONGCHENG ZHUANYE XILIE JIAOCAI

重大版·建筑

— 第2版 —

建筑工程施工组织设计

JIANZHU GONGCHENG SHIGONG ZUZHI SHEJI

主　编 ■ 周国恩　周兆银
副主编 ■ 白有良
主　审 ■ 姚　刚　华建民

U0240616

重庆大学出版社

内 容 提 要

本书为"应用型本科院校土木工程专业系列教材"之一,全书分5章介绍了:施工组织概论、流水施工原理、工程网络计划技术、单位工程施工组织设计、施工方案及BIM技术应用等内容。全书依据最新颁布的《建筑施工组织设计规范》(GB/T 50502—2009)、《工程网络计划技术规程》(JGJ/T 121—2015)、《建设工程施工合同(示范文本)》(GF—2013—0201)修订的,详细阐述了建筑工程施工组织设计编制的基础理论和方法。

本书内容丰富,通俗易懂,可作为高等院校土建类相关专业的教学用书,也可供广大建设工程技术人员参考使用。

图书在版编目(CIP)数据

建筑工程施工组织设计/周国恩,周兆银主编.
—2版.—重庆:重庆大学出版社,2017.5(2024.7重印)
应用型本科院校土木工程专业系列教材
ISBN 978-7-5624-5524-0

Ⅰ.①建…　Ⅱ.①周…②周…　Ⅲ.①建筑工程—施工组织—设计—高等学校—教材　Ⅳ.①TU721

中国版本图书馆CIP数据核字(2017)第096166号

应用型本科院校土木工程专业系列教材

建筑工程施工组织设计

(第2版)

主编　周国恩　周兆银
副主编　白有良
主审　姚　刚　华建民
责任编辑:林青山　版式设计:林青山
责任校对:刘志刚　责任印制:赵　晟

*

重庆大学出版社出版发行
出版人:陈晓阳
社址:重庆市沙坪坝区大学城西路21号
邮编:401331
电话:(023) 88617190　88617185(中小学)
传真:(023) 88617186　88617166
网址:http://www.cqup.com.cn
邮箱:fxk@ cqup.com.cn(营销中心)
全国新华书店经销
重庆正文印务有限公司印刷

*

开本:787mm×1092mm　1/16　印张:11.5　字数:280千
2011年1月第1版　2017年5月第2版　2024年7月第17次印刷
印数:33 501—34 500
ISBN 978-7-5624-5524-0　定价:36.00元

前　言
（第 2 版）

　　《建筑工程施工组织设计》自 2011 年 1 月第 1 版出版以来，已经多次重印。鉴于我国建筑工程施工新技术、法律法规及管理制度不断地发展和完善，依据《建筑施工组织设计规范》（GB/T 50502—2009）、《工程网络计划技术规程》（JGJ/T 121—2015）、《建设工程施工合同（示范文本）》（GF—2013—0201）等，对本书的部分内容进行了修订。

　　本书包括原有的第 1 章施工组织概论、第 2 章流水施工原理、第 3 章工程网络计划技术、第 4 章单位工程施工组织设计；增加了第 5 章施工方案及 BIM 技术应用的内容。每章前设有"本章导读"，每章尾有思考题或习题，便于学生阅读与复习训练，巩固施工组织设计知识。根据各个高等院校及专业特点不同，教学需用 24~32 学时，1.5~2 学分，每周讲授 4 学时，6~8周即可修毕理论。还可进行 1 周的单位工程施工组织设计或专项施工方案的课程设计实训。

　　本次修订第 2 版由周国恩、周兆银主编，重庆大学姚刚教授和华建民副教授主审。各章节编写人员为：广西科技大学周国恩副教授编写第 3 章、第 5 章第 5.1、5.2 节；北华航天工业学院白有良高级工程师编写第 2 章；重庆科技学院周兆银教授编写第 1 章、第 4 章；广西建工集团第二安装建设有限公司周雨编写第 5 章第 5.3 节，全书由周国恩统稿。编写时，还参阅了一些施工经验总结和参考资料，特此向提供这些素材的单位和作者致谢。

　　在编写过程中参考了许多教材、书籍及文献资料，也得到许多同志的帮助，在此表示衷心感谢。限于编者水平有限，书中难免仍有不少的差错，恳请读者对本书提出意见和建议，E-mail：17218308@qq.com。

编　者

2017 年 5 月

前　言

　　本书是根据应用型本科高等院校土木工程类教学培养方案的要求,由重庆大学出版社教材编审委员会组织编写,全面系统地介绍了建筑工程施工中施工组织的基本理论与方法。

　　本书在编写过程中以《建筑工程施工组织设计规范》(GB/T 50502—2009)为依据,并严格遵守国家新修改的建筑工程施工质量验收规范、规程和标准,综合运用有关学科的基础理论、基本知识和基本方法,解决建筑工程施工中的关键技术问题,结合施工现场有关施工组织实际内容,详细阐述了单位工程施工组织设计编制方法,旨在培养学生从事建筑工程的组织管理能力。

　　本书共4章,主要内容为施工组织概论、流水施工原理、工程网络计划技术、单位工程施工组织设计。

　　本书力求做到体系完整,内容丰富,图文并茂,深入浅出,通俗易懂。书中文字表达通畅、插图清晰、直观,并在每章之首有本章导读,每章末附有思考题和习题,便于组织教学和自学。

　　本书由周国恩、周兆银主编,重庆大学姚刚教授和华建民副教授主审。各章节编写人员为:广西工学院周国恩编写第3章;北华航天工业学院白有良高级工程师编写第2章;重庆科技学院周兆银编写第1章、第4章。全书由周国恩统稿。

　　在编写过程中参考了许多教材、书籍及文献资料,也得到许多同志的帮助,在此表示衷心的感谢。由于编者水平有限,恳请广大读者批评指正。

编　者

2010 年 8 月 12 日

目 录

1 施工组织概论 ······························· 1

1.1 建筑施工与施工组织设计 ····················· 1

1.2 施工准备工作 ··························· 14

1.3 组织建筑工程施工的基本原则 ················· 18

思考题 ······························· 20

2 流水施工原理 ···························· 21

2.1 流水施工的基本概念 ······················ 21

2.2 流水施工的基本参数 ······················ 25

2.3 流水施工的组织方式 ······················ 33

2.4 流水施工的组织 ························· 45

思考题 ······························· 55

习 题 ······························· 56

3 工程网络计划技术 ························· 58

3.1 概 述 ····························· 58

3.2 双代号网络计划 ························· 60

3.3 单代号网络计划 ························· 78

3.4 双代号时标网络计划 ······················ 87

3.5 网络计划的优化 ························· 91

思考题 ·· 103

习　题 ·· 104

4　单位工程施工组织设计 ······················· 108

4.1　单位工程施工组织设计概述 ·················· 108

4.2　工程概况 ································· 111

4.3　施工方案设计 ······························· 113

4.4　编制单位工程施工进度计划 ·················· 124

4.5　各项资源的需要量与施工准备工作计划 ········ 130

4.6　单位工程施工平面图设计 ···················· 133

4.7　单位工程施工组织设计实例 ·················· 140

思考题 ·· 151

5　施工方案及 BIM 技术应用 ····················· 152

5.1　施工方案编制 ······························· 152

5.2　主要施工管理计划 ·························· 163

5.3　BIM 技术的应用 ·························· 166

思考题 ·· 175

参考文献 ·· 177

1

施工组织概论

【本章导读】本章就坚持施工程序、做好施工准备、重视原始资料调查分析、编制施工组织设计、按计划组织现场的施工活动、抓好现场施工总平面图管理等内容予以描述，使学生了解和熟悉施工组织设计的基本知识。熟悉坚持施工程序、做好施工准备工作的重要意义，掌握施工程序的主要环节、施工准备工作的主要内容，工程开工必须具备的条件，组织施工时应解决的主要问题。了解原始资料调查的内容和方法，掌握如何利用地形、地质、水文、气象资料、技术经济条件等资料为工程建设服务。了解施工组织设计的种类、作用和编制原则，掌握施工组织设计的主要内容。

1.1 建筑施工与施工组织设计

▶ 1.1.1 建筑施工与施工程序

建筑施工是建筑业施工企业的基本任务，建筑施工的成果就是完成各类最终工程项目产品。怎样将各方面的力量，各种要素（人力、资金、材料、机械、施工方法等）科学地组织起来，使工程项目施工工期短、质量好、成本低，迅速发挥投资效益，提供优良的工程项目产品，这是建筑施工组织设计的根本任务。为了实现这个根本任务，必须坚持基本建设程序和施工项目管理程序，掌握和运用科学技术规律，按照工程项目产品的特点组织施工；认真贯彻国家各项技术经济政策和法规，讲究经济效益，不断提高施工组织与管理水平，增强施工企业的竞争能力，树立社会信誉，促进施工企业的发展。

施工项目管理程序简称施工程序，是拟建工程项目在整个施工阶段中必须遵循的先后顺

序,反映了整个施工阶段必须遵循的客观规律。施工程序可划分为以下阶段:

1)投标与签订合同阶段

建设单位对建设项目进行设计和建设准备,具备招标条件后便可发布招标公告(或邀请函)。施工单位见到招标公告或邀请函后,从做出投标决策至中标签约,即为施工项目寿命周期的第一阶段。本阶段的最终目标是签订工程承包合同。本阶段主要进行以下工作:

①施工单位从经营战略的高度做出是否投标争取承包该项目的决策。

②决定投标以后,从多方面(企业自身、相关单位、市场、现场等)掌握大量信息。

③编制既能使企业盈利,又有竞争力,可望中标的投标书。

④如果中标,则与招标方进行谈判,依法签订工程承包合同,使合同符合国家法律、法规和国家计划,符合平等互利的原则。

2)施工准备阶段

施工单位与招标单位签订工程承包合同后,便应组建项目经理部,然后以项目经理部为主体,与企业管理层、建设单位配合,进行施工准备,使工程具备开工和连续施工的基本条件。本阶段主要进行以下工作:

①成立项目经理部,根据工程管理的需要建立机构,配备管理人员。

②制订施工项目管理实施规划,以指导施工项目管理活动。

③进行施工现场准备,使现场具备施工条件,利于进行文明施工。

④编写开工申请报告,待批准后开工。

3)施工阶段

这是一个自开工至竣工的实施过程。本阶段的目标是完成合同规定的全部施工任务,达到验收、交工的条件。本阶段主要进行以下工作:

①在施工中努力做好动态控制工作,保证质量目标、进度目标、造价目标、安全目标、节约目标的实现。

②管好施工现场,实行文明施工。

③严格履行施工合同,处理好内外关系,管好合同变更及索赔。

④做好记录、协调、检查、分析工作。

4)验收、交工与结算阶段

这一阶段可称作结束阶段,与建设项目的竣工验收阶段协调同步进行。其目标是对项目成果进行总结、评价,对外结清债权债务,结束交易关系。本阶段主要进行以下工作:

①工程收尾。

②进行试运转。

③接受正式验收。

④整理、移交竣工文件,进行工程款结算,总结工作,编制竣工总结报告。

⑤办理工程交付手续。

⑥项目经理部解体。

5)用后服务阶段

这是施工项目管理的最后阶段,即在竣工验收后,按合同规定的责任期进行用后服务、回访与保修。本阶段主要进行以下工作：

①为保证工程正常使用而做必要的技术咨询和服务。

②进行工程回访，听取使用单位意见，总结经验教训，观察使用中的问题并进行必要的维护、维修和保修。

③进行沉降、抗震等性能观察。

施工项目管理程序与基本建设程序各有自己的开始时间与完成时间，各有自己的全寿命周期和阶段划分，因此它们是各自独立的。然而两者之间仍有密切关系，从投标以后至竣工验收的一段时间，建设项目管理与施工项目管理同步进行，相互交叉、相互依存、相互制约，这就对发包、承包双方都按照各自的管理程序办事以相互促进提出了更高要求。

▶ **1.1.2　施工组织研究的对象**

施工组织设计是针对工程施工的复杂性来研究施工项目的统筹安排与系统管理客观规律的一门学科，它研究如何组织、计划一项施工项目的全部施工，寻求最合理的组织与方法。具体地说，施工组织设计就是根据施工项目产品生产的技术经济特点，以及国家基本建设方针和各项具体的技术政策，实现项目建设计划和设计的要求，提供各阶段的施工准备工作内容，对人力、资金、材料、机械和施工方法等进行科学合理的安排，协调施工中各施工单位、各工序、各项资源之间等的合理关系。在整个施工过程中，按照客观的经济、技术规律，做出合理、科学的安排，从而取得较高的综合效益。

现代施工组织学科的发展特点是广泛运用数学方法、网络计划技术和计算机等工具，采用各种有效手段，对施工过程进行工期、成本、质量的控制，达到工期短、成本低、质量好的目的。组织管理者必须充分认识施工过程的特点，在所有环节中精心组织、严格管理，全面协调好施工过程中的各种关系，面对特殊、复杂的生产过程，进行科学的分析，理清主次矛盾，找出关键线路，有的放矢地采取措施，合理组织人、财、物的投入顺序、数量、比例，进行科学的工序安排，组织流水作业，提高对时间、空间、资源的利用，这样才能取得全面的经济效益和社会效益。

施工组织设计的对象千差万别，施工过程中内部工作与外部联系是错综复杂的，没有一种固定不变的组织与管理方法可运用于所有工程，因此在不同条件下对不同的施工对象需采取不同的管理方法。

▶ **1.1.3　施工组织研究的任务**

施工组织研究的任务就是系统研究如何在国家基本建设方针的指导下，遵循施工组织的客观规律，统筹规划、合理组织、协调控制施工项目产品生产的全过程，以使施工项目达到最优化的目标。具体来说：

①全面阐述国家制定的基本建设方针及各项具体的技术经济政策。

②以施工项目为对象，论述施工组织的一般原理及施工组织设计的内容、方法和编制程序。

③介绍现代施工组织的优化理论、管理技术与方法。

④研究和探索我国施工过程的系统管理和协调技术。

▶ **1.1.4　施工项目产品的特点**

施工项目产品的特点是：产品的固定性、多样性、体积庞大。由此而引出施工项目产品生产的流动性、个体性、生产过程的综合性、受气候条件影响大等技术经济特点。这些特点对建筑业施工企业生产活动的组织与管理影响很大。由于施工项目产品的使用功能、平面与空间组合、结构与构造形式等的差异性，以及所用材料的物理力学性能的特殊性，决定了施工项目产品的特殊性。其具体特点如下：

（1）施工项目产品在空间上的固定性

一般施工项目产品均由基础和主体两部分组成。基础承受主体的全部荷载（包括基础的自重），并传给地基。任何施工项目产品都是在选定的地点上施工和使用，与选定地点的土地不可分割，从施工开始至拆除均不能移动。

（2）施工项目产品的多样性

施工项目产品不但要满足各种使用功能和规划的要求，而且还要体现出地区的民族风俗、建筑艺术，同时也受到地区的自然条件等诸多因素的限制，这使施工项目产品在规模、结构、构造、形式、基础和装饰等诸方面变化纷繁。

（3）施工项目产品体形的庞大性

无论是复杂的施工项目产品，还是简单的施工项目产品，为满足其使用功能的需要，并结合施工材料的物理力学性能，需要大量的物资资源，使其平面与空间体积很大。

▶ 1.1.5　施工项目产品生产的特点

由于施工项目产品地点的固定性、产品的多样性和体形庞大等特点，决定了施工项目产品生产的特点与一般工业产品生产的特点相比较具有自身的特殊性。其具体特点如下：

（1）施工项目产品生产的流动性

施工项目产品地点的固定性决定了产品生产的流动性。一般的工业产品都是在固定的工厂、车间内进行生产，而施工项目产品的生产是在不同地区，或同一现场的不同单位工程，或同一单位工程的不同部位，组织工人、机械围绕着同一施工项目产品进行生产。因此，施工项目产品的生产是在不同的地区之间、现场之间和单位工程不同部位之间流动。

（2）施工项目产品生产的单件性

施工项目产品地点的固定性和类型的多样性决定了产品生产的单件性。一般的工业产品是在一定的时间里，用统一的工艺流程进行批量生产，而具体的一个施工项目产品应在国家或地区的统一规划内，根据其使用功能，在选定的地点上单独设计和单独施工。即使是选用标准设计、通用构件和配件，由于施工项目产品所在地区的自然、技术、经济条件的不同，也使施工项目产品的结构或构造、建筑材料、施工组织和施工方法等要因地制宜加以修改，从而使各施工项目产品生产具有单件性。

（3）施工项目产品生产的地区性

由于施工项目产品的固定性决定了同一使用功能的施工项目产品因其施工地点的不同，必然受到施工地区的自然、技术、经济和社会条件的约束，使其结构、构造、艺术形式、室内设施、材料、施工方案等方面均有较大差异。因此，施工项目产品的生产具有地区性。

（4）施工项目产品生产周期长

施工项目产品的固定性和体形庞大的特点决定了施工项目产品生产周期长。施工项目产品体形庞大，使得最终施工项目产品的完成必然耗费大量的人力、物力和财力；同时施工项目产品的生产全过程还要受到工艺流程和生产程序的制约，使各专业、各工种间必须按照合理的施工顺序进行配合和衔接;又由于施工项目产品的固定性,使施工活动的空间具有局限性,从而导致施工项目产品生产具有生产周期长、占用流动资金大的特点。

(5)施工项目产品生产的露天作业性

施工项目产品地点的固定性和体形庞大的特点,决定了施工项目产品生产露天作业多。因为体形庞大的施工项目产品不可能在工厂、车间内直接进行施工,即使施工项目产品达到了高度工业化水平,也只能在工厂内生产其各部分的构件或配件,仍然需要在施工现场内进行总装配后才能形成最终产品。因此,施工项目产品的生产具有露天作业多的特点。

(6)施工项目产品生产的高空作业多

随着城市现代化的发展,高层建筑物的施工任务日益增多,使得施工项目产品生产高空作业的特点日益明显。

(7)施工项目产品生产组织协作的综合复杂性

由上述施工项目产品生产的诸特点可以看出,施工项目产品生产的涉及面很广。在施工企业内部,它涉及工程力学、建筑结构、建筑构造、地基基础、水暖电、机械设备、建筑材料和施工技术等多学科的专业知识,要在不同时期、不同地点和不同产品上组织多专业、多工种的综合作业;在施工企业外部,它涉及不同种类的专业施工企业,以及城市规划、征用土地、勘察设计、消防、"三通一平"、公用事业、环境保护、质量监督、科研试验、交通运输、银行财政、机具设备、物资材料的供应、劳务等社会各部门和各领域的复杂协作配合,从而使施工项目产品生产的组织协作关系综合复杂。

▶ 1.1.6 施工组织设计概述

1)编制施工组织设计的重要性

施工组织设计是用来指导拟建工程施工全过程中各项活动技术、经济和组织的综合性文件。它的重要性主要表现在以下几个方面:

(1)从施工产品及其生产的特点来看

由施工产品及其生产的特点可知,不同的建筑物或构筑物均有不同的施工方法,就是相同的建筑物或构筑物,其施工方法也不尽相同。即使采用标准设计的建筑物或构筑物,因为建造的地点不同,其施工方法也不可能完全相同。所以没有完全统一的、固定不变的施工方法可供选择,应该根据不同的拟建工程,编制不同的施工组织设计。这就必须详细研究工程特点、地区环境和施工条件,从施工的全局和技术经济的角度出发,遵循施工工艺的要求,合理地安排施工过程的空间布置和时间排列,科学地组织物资供应和消耗,把施工中的各单位、各部门及各施工阶段之间的关系更好地协调起来。这正是施工组织设计的内容所体现的。

(2)从建筑施工在工程建设中的地位来看

根据基本建设投资分配可知,施工阶段的投资占基本建设总投资的60%以上,远高于计划和设计阶段投资的总和。因此施工阶段是基本建设程序中耗资最大最多的一个阶段,认真地编制好施工组织设计,保证施工阶段的顺利进行、实现预期效果,具有非常重要的意义。

(3)从施工企业的经营管理程序来看

①施工企业的施工计划与施工组织设计的关系。施工企业的施工计划是根据国家或地区基本建设计划的要求,以及企业对建筑市场所进行科学预测和项目中标的结果,结合本企业的具体情况,制订出企业不同时期的施工计划和各项技术经济指标。而施工组织设计是按

具体的拟建工程对象的开竣工时间编制的指导施工的技术经济文件。对于正在从事施工的施工企业来说,企业的施工计划与施工组织设计是一致的,并且施工组织设计是企业施工计划的基础,两者之间有着极为密切的、不可分割的联系。

②施工企业生产的投入产出与施工组织设计的关系。建筑施工企业经营管理目标的实施过程就是从承担工程任务开始到竣工验收交付使用的全部施工过程的计划、组织和控制的投入、产出过程的管理,其基础就是科学的施工组织设计。即按照基本建设计划、设计图纸确定的质量,遵循技术先进、经济合理、资源少耗的原则,拟订周密的施工准备,确定合理的施工程序,科学地投入劳动力、技术、材料、机具和资金等要素,达到进度快、质量好、造价省的目标。可见施工组织设计是统筹安排施工企业生产的投入产出过程的关键。

③施工企业的现代化管理与施工组织设计的关系。施工企业的现代化管理主要体现在经营管理素质和经营管理水平两个方面。施工企业的经营管理素质主要是竞争能力、应变能力、盈利能力、技术开发能力和扩大再生产能力等方面的体现;施工企业的经营管理水平是计划与决策、组织与指挥、控制与协调、教育与激励等职能的体现。无论是企业经营管理素质的能力,还是企业经营管理水平的职能,都必须通过施工组织管理机构的职能,通过施工组织设计的编制、贯彻、检查和调整来实现。由此可见,施工企业的经营管理素质和水平的提高、经营管理目标的实现,都离不开施工组织设计的编制到实施的全过程。这充分体现了施工组织设计对施工企业的现代化管理的重要性。

2)施工组织设计的分类

施工组织设计按设计阶段、编制时间、编制对象范围、使用时间的长短和编制内容的繁简程度不同,有以下分类情况:

(1)按设计阶段的不同分类

施工组织设计的编制一般是同设计阶段相配合。

①设计按两阶段进行时,施工组织设计分为施工组织总设计(扩大施工组织条件设计)和单位工程施工组织设计两种。

②设计按3阶段进行时,施工组织设计分为施工组织设计大纲(初步施工组织条件设计)、施工组织总设计和单位工程施工组织设计3种。

(2)按编制时间不同分类

施工组织设计按编制时间不同可分为两类:一类是投标前编制的施工组织设计,简称"标前施工组织设计";另一类是中标后、开工前编制的施工组织设计,简称"标后施工组织设计"。

(3)按编制对象范围的不同分类

施工组织设计按编制对象范围的不同,可分为施工组织总设计、单位工程施工组织设计、分部分项工程施工组织设计3种。

①施工组织总设计。它是以一个建筑群或一个建设项目为编制对象,用以指导整个建筑群或建设项目施工全过程和各项施工活动的技术、经济和组织的综合性文件。施工组织总设计一般在初步设计或扩大初步设计被批准之后,在总承包企业的总工程师领导下进行编制。

②单位工程施工组织设计。它是以一个单位工程(如一个建筑物或构筑物)为对象编制,用以指导其施工全过程的各项施工活动的技术、经济和组织的综合性文件。单位工程施工组织设计一般在施工图设计完成后,在拟建工程开工之前由企业或项目经理部进行编制。

③分部分项工程施工组织设计。它是以分部分项工程为编制对象,用以具体实施其施工

过程的各项施工活动的技术、经济和组织的综合性文件。它一般是同单位工程施工组织设计的编制同时进行,并由单位工程的技术人员负责编制。

施工组织总设计、单位工程施工组织设计和分部分项工程施工组织设计之间有以下关系:施工组织总设计是对整个建设项目的全局性战略部署,其内容和范围比较概括;单位工程施工组织设计是在施工组织总设计的控制下,以施工组织总设计和企业施工计划为依据编制的,针对具体的单位工程,把施工组织总设计的内容具体化;分部分项工程施工组织设计是以施工组织总设计、单位工程施工组织设计和企业施工计划为依据编制的,针对具体的分部分项工程,把单位工程施工组织设计进一步具体化,它是专业工程具体的组织施工的设计。

3)施工组织设计的内容

施工组织设计的内容应按施工项目管理规划的要求编制,其中施工组织总设计应符合施工项目管理规划大纲的要求,单位工程施工组织设计应符合施工项目管理实施规划的要求。

(1)标前施工组织设计的内容

由于标前施工组织设计的作用是为满足编制投标书和签订工程合同的需要编制的,也是进行合同谈判、提出要约和进行承诺的依据,是拟订合同文本中相关条款的基础资料。因此,它应包括以下内容:

①工程概况:建设项目的特征、施工条件及其他有关项目建设情况。

②施工方案:施工程序、施工方法选择、施工机械选用、劳动力和主要材料以及半成品投入量等。

③施工进度计划:工程开竣工日期、分期分批施工工程的开竣工日期、施工进度控制图及保证合同工期的措施等。

④主要技术组织措施:保证质量、文明安全施工、进度、建筑节能、环境污染防治的技术组织措施等。

⑤施工平面布置图。

⑥其他有关投标和签约谈判需要的内容。

(2)标后施工组织设计的内容

中标后编制的施工组织设计的作用是满足施工项目准备和实施的需要。具体地说是指导施工前一次性准备和各阶段施工准备工作,指导施工全过程活动,提出工程施工中成本控制、进度控制、质量控制、安全控制、现场管理、各项生产要素管理的目标及技术组织措施,以达到提高综合效益的目的。标后施工组织设计有 3 种:施工组织总设计、单位工程施工组织设计及分部分项工程施工组织设计,其所包含的内容不尽相同。

①施工组织总设计的内容:

●项目概况。主要是对项目规模的描述和承包范围等的描述。

●项目实施条件分析。项目实施条件主要包括:发包人条件,相关市场条件,自然条件,政治、法律和社会条件,现场条件,招标条件等。

●施工项目管理目标。包括:施工合同要求的目标,如合同规定的使用功能要求,合同工期、造价、质量标准,合同或法律规定的环境保护标准和安全标准;企业对施工项目的要求,如成本目标、企业形象,对合同目标的调整要求等。

●施工项目组织构架。包括:对专业性施工任务的组织方案(如怎样进行分包,材料和设备的供应方式等);项目经理部的人选方案等。

●质量目标规划和主要施工方案。包括:招标文件(或发包人)要求的总体质量目标,分解质量目标,保证质量目标实现的技术组织措施;施工方案描述,如施工程序、重点单位工程或重点分部工程施工方案、保证质量目标实现的主要技术组织措施、拟采用的新技术和新工艺、拟选用的主要施工机械设备等。

●工期目标规划和施工总进度计划。包括:招标文件的工期要求及工期目标的分解,施工总进度计划主要的里程碑事件,保证工期目标实现的技术组织措施等。

●施工预算和成本目标规划。包括:编制施工预算和成本计划的总原则,项目的总成本目标,成本目标分解,保证成本目标实现的技术组织措施等。

●施工风险预测和安全目标规划。包括:主要风险因素预测,风险对策措施;总体安全目标责任,施工中的主要不安全因素,保证安全的主要技术组织措施等。

●施工总平面图和现场管理规划。包括:施工现场情况和特点,施工现场平面布置的原则;现场管理目标及原则;施工总平面图及其说明;施工现场管理的主要技术组织措施等。

●文明施工及环境保护规划。包括:文明施工和环境保护特点、组织体系、内容及其技术组织措施等。

②单位工程施工组织设计的内容:

●工程概况。包括:工程建设地点及环境特征,施工条件,项目管理特点及总体要求,施工项目的工作目录清单。

●施工部署。包括:项目的质量、安全、进度、成本目标,拟投入的最高人数和平均人数,分包计划,劳动力使用计划,材料供应计划,机械设备供应计划,施工程序,施工项目管理总体安排。

●施工方案。包括:施工流向和施工顺序,施工段划分,施工方法和施工机械选择,安全施工措施,环境保护内容及方法。

●施工进度计划。包括:施工进度计划说明,施工进度计划图(表),施工进度计划管理规划。

●资源需求计划。包括:劳动力需求计划,主要材料和周转材料需求计划,机械设备需求计划,预制品订货和需求计划,大型工具、器具需求计划。

●施工准备工作计划。包括:施工准备工作组织和时间安排,技术准备和编制质量计划,施工现场准备,作业队伍和管理人员的准备,物资准备,资金准备。

●施工平面图。包括:施工平面图说明,施工平面图,施工平面图管理规划。

●技术组织措施计划。包括:保证进度目标、安全目标的措施、成本目标的措施,保证季节施工的措施,保护环境的措施,文明施工的措施。

●项目风险管理。包括:风险因素识别一览表,风险可能出现的概率及损失值估计,风险管理重点,风险防范对策,风险管理责任。

●项目信息管理。包括:信息流通系统,信息中心的建立规划,项目管理软件的选择与使用规划,信息管理实施规划。

●技术经济指标分析。包括:规划指标水平高低的分析和评价、实施难点的对策。规划指标包括总工期、质量标准、成本指标、资源消耗指标、其他指标(如机械化水平等)。

③分部分项工程施工组织设计的内容:

●分部分项工程概况及其施工特点分析。

- 施工方法及施工机械的选择。
- 分部分项工程施工准备工作计划。
- 分部分项工程施工进度计划。
- 劳动力、材料和机具等需要量计划。
- 质量、安全和降低成本等技术组织保证措施。
- 作业区施工平面布置图设计。

根据《中华人民共和国建筑法》第三十八条的规定：建筑施工企业在编制施工组织设计时，应当根据建筑工程的特点制订相应的安全技术措施；对专业性较强的工程项目，应当编制专项安全施工组织设计，并采取安全技术措施。《建设工程安全生产管理条例》第二十六条所指的基坑支护和降水工程、土方开挖工程、模板工程、起重吊装工程、脚手架工程、拆除、爆破工程、其他危险性较大的工程七项分部分项工程，应当在施工前单独编制安全专项施工方案。

► 1.1.7　施工组织设计的编制

1)施工组织设计的编制方法

当拟建工程中标后，施工单位必须编制施工组织设计。建设工程实行总承包和分包的，由总包单位负责编制施工组织设计或分阶段施工组织设计。分包单位在总包单位总体部署下，负责编制分包工程的施工组织设计。施工组织设计应根据合同工期及有关规定进行编制，并且要广泛征求各协作施工单位的意见。

对结构复杂、施工难度大以及采用新工艺、新技术的施工项目，要进行专业性的研究，必要时组织专门会议，邀请有经验的专业工程技术人员参加，发挥团队的集体智慧，为施工组织设计的编制和实施打下坚实基础。

在施工组织设计编制过程中，要充分发挥各职能部门的作用，吸收他们参加编制和审定；充分利用施工企业的技术素质和管理素质，统筹安排、扬长避短，发挥施工企业的优势，合理地进行工序交叉配合的程序设计。

当比较完整的施工组织设计方案提出之后，要组织参加编制的人员及单位进行讨论，逐项逐条地研究，修改后确定，最终形成正式文件，送主管部门审批。

2)施工组织设计的编制原则

施工组织设计，要能正确指导施工，体现施工过程的规律性、组织管理的科学性、技术的先进性。具体而言，要掌握以下原则：

(1)充分利用时间和空间的原则

建设工程是一个体形庞大的空间结构，按照时间的先后顺序，对工程项目各个构成部分的施工做出计划安排，即在什么时间、用什么材料、使用什么机械、在什么部位进行施工，也就是时间和空间的关系。要处理好这种关系，除了要考虑工艺关系外，还要考虑组织关系，要利用运筹学理论、系统工程理论解决这些关系，从而实现项目的目标。

(2)工艺与设备配套优选原则

任何一个施工项目的实施都具有一定的工艺过程，可采用多种不同的设备来完成，但却具有不同的效果，即不同的质量、工期和成本。不同的机具设备具有不同的工序能力。因此，必须通过试验取得此种机具设备的工序能力指数，选择工序能力指数最佳的施工机具或设施实施该工艺过程,既能保证工程质量,又不致造成浪费。

(3)最佳技术经济决策原则

某些施工项目的实施存在着不同的施工方法,具有不同的施工技术,使用不同的机具设备,消耗不同的材料,因此也会产生不同的效果(质量、工期、成本)。此时,需从这些不同的施工方法、施工技术中,通过具体地计算、分析、比较,选择最佳的技术经济方案,以达到综合最优的目的。

(4)专业化分工与紧密协作相结合的原则

现代施工组织管理既要求专业化分工,又要求紧密协作,特别是体现在流水施工原理和网络计划技术的应用中。处理好专业化分工与协作的关系,就是要减少或防止窝工,提高劳动生产率和机械效率,达到提高工程质量、降低工程成本和缩短工期的目的。

(5)供应与消耗协调的原则

物资的供应既不能过剩又不能不足,它要与施工现场的消耗相协调。如果供应过剩,则要多占临时用地面积、多建存放库房,必然增加临时设施费用;同时物资积压过剩,存放时间过长,必然导致部分物资变质、失效,从而增加了材料费用的支出,最终造成工程成本的增加。如果物资供应不足,必然出现停工待料,影响施工的连续性,降低劳动生产率,既延长了工期又提高了工程成本。因此,在供应与消耗的关系上,一定要保持协调性原则。

3)施工组织设计的编制程序

①施工组织总设计的编制程序,如图1.1所示。

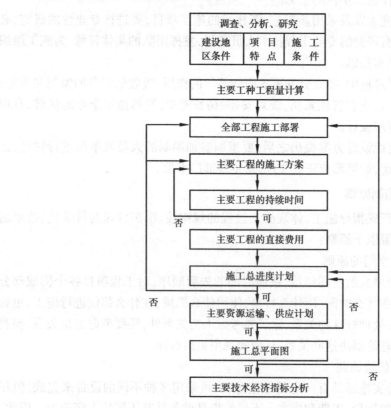

图1.1 施工组织总设计的编制程序

②单位工程施工组织设计的编制程序,如图 1.2 所示。

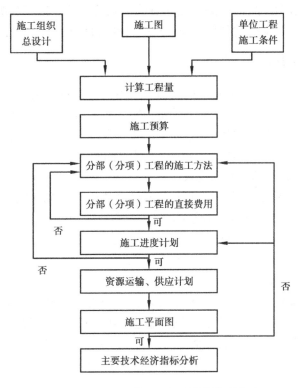

图 1.2 单位工程施工组织设计的编制程序

③分部分项工程施工组织设计的编制程序,如图 1.3 所示。

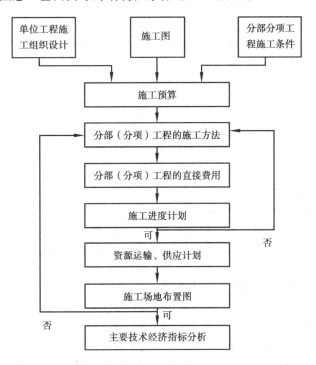

图 1.3 分部(分项)工程施工组织设计的编制程序

从图1.1、图1.2、图1.3可以看出,在编制施工组织设计时,除要采用正确合理的编制方法外,还需遵循科学的编制程序,同时必须注意有关信息的反馈。施工组织设计编制过程是由粗到细,反复协调进行的,最终达到优化施工组织设计的目的。

▶ **1.1.8 施工组织设计的贯彻**

施工组织设计的编制,只是为实施拟建施工项目的生产过程提供了一个可行的方案,这个方案的经济效果如何,必须通过实践去验证。施工组织设计贯彻的实质,就是把一个静态平衡方案放到不断变化的施工过程中,考核其效果和检查其优劣的过程,以达到预定的目标。为了保证施工组织设计的顺利实施,应做好以下几方面的工作:

(1)传达施工组织设计的内容和要求

经过审批的施工组织设计,在开工前要召开各级的生产、技术会议,逐级进行交底,详细地讲解其内容、要求和施工的关键与保证措施,组织群众广泛讨论,拟订完成任务的技术组织措施,做出相应的决策。同时责成计划部门,制订出切实可行、严密的施工计划。责成技术部门,拟订科学合理、具体的技术实施细则,保证施工组织设计的贯彻执行。

(2)制定各项管理制度

施工组织设计贯彻执行的顺利与否,主要取决于施工企业的管理素质、技术素质及经营管理水平,而体现企业素质和水平的标志则是企业各项管理制度的健全与否。施工企业只有具备科学、健全的管理制度,才能维持企业的正常生产秩序,才能保证工程质量,提高劳动生产率,防止可能出现的漏洞或事故。为此必须建立、健全各项管理制度,保证施工组织设计的顺利实施。

(3)推行技术经济承包制

技术经济承包是用经济的手段和方法,明确承发包双方的责任。它便于加强监督和相互促进,是保证承包目标实现的重要手段。为了更好地贯彻施工组织设计的执行,应该推行技术经济承包制度,开展劳动竞赛,把施工过程中的技术经济责任同职工的利益结合起来。

(4)统筹安排及综合平衡

在拟建工程项目的施工过程中,搞好人力、物力、财力的统筹安排,保持合理的施工程序,既能满足拟建工程项目施工的需要,又能带来较好的经济效果。施工过程中的任何平衡都是暂时的、相对的,平衡中必然存在不平衡的因素,要及时分析这些不平衡因素,不断地进行施工条件的反复综合和各专业工种的综合平衡,进一步完善施工组织设计,保证施工的节奏性、均衡性和连续性。

(5)切实做好施工准备工作

施工准备工作是保证均衡和连续施工的重要前提,也是顺利地贯彻施工组织设计的重要保证。拟建工程项目不仅在开工之前要做好人力、物力和财力的准备,在施工过程中的不同阶段也要做好相应的施工准备工作,这对施工组织设计的贯彻执行是非常重要的。

▶ **1.1.9 施工组织设计的检查和调整**

1)施工组织设计的检查

(1)主要指标完成情况的检查

施工组织设计的主要指标的检查一般采用比较法,即把各项指标的完成情况同计划规定的指标相对比。检查的内容主要包括工程进度、工程质量、材料消耗、机械使用和成本费用等。把主要指标数额检查同其相应的施工内容、施工方法和施工进度的检查结合起来,发现其问题,为进一步分析原因提供依据。

(2)施工总平面图的检查

施工现场必须按施工总平面图的要求建造临时设施,敷设管网和铺设运输道路,合理地存放机具,堆放材料;施工现场要符合文明施工的要求;施工现场的局部断电、断水、断路等,必须事先得到有关部门批准;施工的每个阶段都要有相应的施工总平面图;施工总平面图的任何改变都必须由有关部门批准。如果发现施工总平面图有不合理的地方,要及时制订改进方案,报请有关部门批准,不断地满足施工进展的需要。施工总平面图的检查应按主管部门的规定执行。

2)施工组织设计的调整

根据施工组织设计执行情况的检查,对发现的问题应分析其产生的原因,拟订其改进措施或方案,对施工组织设计的有关部分或指标逐项进行调整,对施工总平面图进行修改,以使施工组织设计在新的基础上实现新的平衡。

实际上,施工组织设计的贯彻、检查和调整是一项经常性的工作,必须随着施工的进展情况,加强反馈并及时地进行调整,要贯穿拟建工程项目施工过程的始终。施工组织设计的贯彻、检查、调整的程序如图1.4所示。

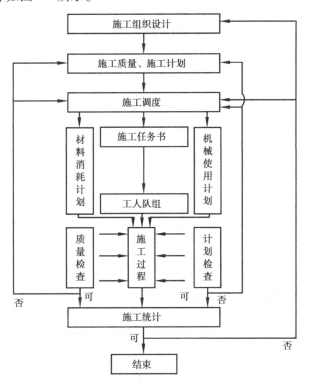

图1.4 施工组织设计的贯彻、检查、调整程序

1.2　施工准备工作

▶　1.2.1　施工准备工作的重要性

工程项目建设总的程序是按照计划、设计和施工三大阶段进行的,而施工阶段又分为施工准备、土建施工、设备安装、竣工验收等阶段。

施工准备工作的基本任务是为拟建工程的施工建立必要的技术和物质条件,统筹安排施工力量和合理布置施工现场。施工准备工作是施工企业搞好目标管理,推行技术经济承包的重要前提,同时施工准备工作还是土建施工和设备安装顺利进行的根本保证。因此,认真地做好施工准备工作,对于发挥企业优势、合理供应资源、加快施工速度、提高工程质量、降低工程成本、增加企业经济效益等具有重要意义。

▶　1.2.2　施工准备工作的分类

1)按施工准备工作的范围分类

按施工项目施工准备工作范围的不同,一般可分为全场性施工准备、单位工程施工条件准备和分部(分项)工程作业条件准备3种。

全场性施工准备是以一个建筑工地为对象而进行的各项施工准备。施工准备工作的目的、内容都是为全场性施工服务的,不仅要为全场性的施工活动创造有利条件,而且要兼顾单位工程施工条件的准备。

单位工程施工条件准备是以一个建筑物或构筑物为对象的施工条件准备工作。该准备工作的目的、内容都是为单位工程施工服务的,它不仅为该单位工程在开工前做好一切准备,而且要为分部(分项)工程做好施工准备工作。

分部(分项)工程作业条件的准备是以一个分部(分项)工作或冬雨季施工为对象而进行的作业条件准备。

2)按拟建工程所处的施工阶段分类

按拟建工程所处的施工阶段不同,一般可分为开工前的施工准备和各施工阶段前的施工准备两种。

开工前的施工准备是在拟建工程正式开工之前所进行的一切施工准备工作。其目的是为拟建工程正式开工创造必要的施工条件。它既可能是全场性的施工准备,又可能是单位工程施工条件的准备。

各施工阶段前的施工准备是在拟建工程开工之后,每个施工阶段正式开工之前所进行的一切施工准备工作。其目的是为各施工阶段正式施工创造必要的施工条件。

综上所述,不仅在拟建工程开工之前要做好施工准备工作,而且随着工程施工的进展,在各施工阶段施工之前也要做好相应的施工准备工作。施工准备既要有阶段性,又要有连贯性。

▶ 1.2.3　施工准备工作的内容

施工准备工作的内容通常包括技术准备、物资准备、劳动组织准备、施工现场准备和其他施工准备。

1)技术准备

(1)熟悉、审查设计图纸

①审查拟建工程的地点、建筑总平图同国家、城市或地区规划是否一致,以及建筑物或构筑物的设计功能和使用要求是否符合环境卫生、防火及美化城市等方面的要求。

②审查设计图纸是否完整、齐全,以及是否符合国家有关工程建设的设计、施工方面的方针和政策。

③审查设计图纸与说明书在内容上是否一致,以及设计图纸与其各组成部分之间有无矛盾和错误。

④审查建筑总平面图与其他结构图在几何尺寸、坐标、标高、说明等方面是否一致,技术要求是否正确。

⑤审查工业项目的生产工艺流程和技术要求,掌握配套投产的先后顺序和相互关系,以及设备安装图纸与其相配套的土建施工图纸上的坐标、标高是否一致,掌握土建施工质量是否满足设备安装的要求。

⑥审查地基处理与基础设计同拟建工程地点的工程水文、地质等条件是否一致,以及建筑物或构筑物与地下建筑物或构筑物、管线之间的关系。

⑦明确拟建工程的结构形式和特点,复核主要承重结构的强度、刚度和稳定性是否满足要求,审查设计图纸中复杂、施工难度大和技术要求高的分部分项工程或新结构、新材料、新工艺。

⑧明确建设期限、分期分批投产或交付使用的顺序和时间,以及工程所用的主要材料、设备的数量、规格、来源和供货日期。

⑨明确建设、设计和施工等单位之间的协作、配合关系,以及建设单位可以提供的施工条件。

(2)原始资料的调查分析

①自然条件的调查分析。建设地区自然条件调查分析的主要内容有:地区水准点和绝对标高等情况;地质构造、土的性质和类别、地基土的承载力、地震级别和烈度等情况;河流流量和水质、最高洪水位和枯水期的水位等情况;地下水位的高低变化情况,含水层的厚度、流向、流量和水质等情况;气温、雨、雪、风和雷电等情况;土的冻结深度和冬、雨季的期限情况等。

②技术经济条件的调查分析。建设地区技术经济条件调查分析的主要内容有:地方建筑施工企业的状况,施工现场的动迁状况,当地可利用的地方材料状况,地方能源和交通运输状况,地方劳动力和技术水平状况,当地生活供应、教育、医疗卫生、消防、治安状况等。

(3)编制施工图预算和施工预算

①编制施工图预算。施工图预算是技术准备工作的重要组成部分,它是按照施工图计算的工程量、施工组织设计所拟订的施工方案,依据预算定额、取费标准,由施工单位编制的确定建筑安装工程造价的经济文件。2003年7月1日之后的施工图预算已被按《建设工程工程量清单计价规范》计价的中标合同价所取代,即招标人提供工程量清单,投标人采用综合单价

报价,综合单价是指完成工程量清单中一个规定计量单位项目所需的人工费、材料费、机械使用费、管理费和利润,并考虑风险因素。它是施工企业进行成本核算、加强经营管理等方面工作的重要依据。

②编制施工预算。施工预算是根据施工图预算、施工图纸、施工组织设计、施工定额或企业定额等文件进行编制的经济文件。它是施工企业内部控制各项成本支出、编制作业计划、编制成本计划、考核用工、进行"两算"对比、签发施工任务单、限额领料及基层进行经济核算的依据。

(4)编制施工组织设计

编制施工组织设计是施工准备工作的重要组成部分。施工组织设计是指导施工项目管理全过程的规划性的、全局性的技术、经济和组织的综合性文件,通过施工组织设计的编制,能为施工企业编制施工计划及实施施工准备工作计划提供依据,能保证拟建工程施工的顺利进行。

2)物资准备

(1)物资准备工作的主要内容

①建筑材料的准备。

②构(配)件和制品的加工准备。

③建筑安装机具的准备。

④生产工艺设备的准备。

(2)物资准备工作的程序

①根据施工预算、分部分项工程施工方法和施工进度的安排,拟订材料、构(配)件及制品、施工机具和工艺设备等物资的需要量计划。

②根据各种物资需要量计划,组织货源,确定加工、供应地点和供应方式,签订物资供应合同。

③根据各种物资的需要量计划和合同,拟订运输计划和运输方案。

④按照施工总平面图的要求,组织物资按计划时间进场,在指定地点按规定方式进行储存和保管。

物资准备工作程序如图1.5所示。

3)劳动组织准备

①建立项目经理部。项目经理部的建立应遵循以下原则:根据工程的规模、结构特点和复杂程度,确定劳动组织的领导机构和人选,坚持合理分工与密切协作相结合的原则;把有施工经验、有创新精神、工作效率高的人员选入领导机构;认真执行因事设职,因职选人的原则。

②建立精干的施工队组。编制劳动力需要量计划,呈请企业分配劳务作业人员。

③组织劳动力进场。项目经理部确定之后,按照开工日期和劳动力需要量计划,组织劳动力进场。同时要进行安全、防火和文明施工等方面的教育,并安排好进场人员的生活。

④进行施工组织设计和技术交底。其目的是把拟建工程的设计内容、施工计划和施工技术要求等,详尽地向管理人员和作业人员讲解清楚。这是落实计划和技术责任制的必要措施。

⑤建立健全各项管理制度。工地的各项管理制度是否建立、健全,直接影响着各项施工活动的顺利进行。这些管理制度通常包括:施工图纸学习与会审制度、技术责任制度、技术交

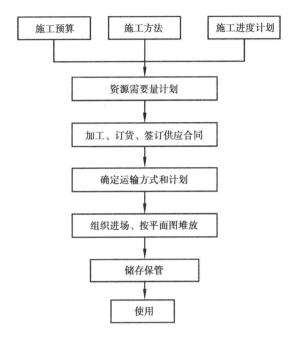

图 1.5　物资准备工作程序图

底制度、工程技术档案管理制度、建筑材料与构(配)件检查验收制度、材料出入库制度、机具使用保养制度、职工考勤和考核制度、安全操作制度、工程质量检查与验收制度、工地及班组经济核算制度等。

4)施工现场准备

①做好施工场地的控制网测量。

②搞好"三通一平"("三通一平"是指在施工现场范围内修通道路,接通水源、电源和平整场地的工作)。

③做好施工现场的补充勘探。

④搭设临时设施。

⑤组织施工机具进场、组装和保养。

⑥做好建筑材料、构(配)件和制品储存堆放。

⑦提供建筑材料的试验申请计划。

⑧做好新技术、新材料的试制和试验。

⑨做好冬雨期施工准备。

5)其他施工准备

(1)资金准备

施工项目的实施需要耗费大量的资金,在施工过程中可能会遇到资金不到位的情况,包括资金的时间不到位和数量不到位,这就要求施工企业认真进行资金准备。资金准备工作具体内容主要有:编制资金收入计划;编制资金支出计划;筹集资金;掌握资金贷款、利息、利润、税收等情况。

(2)做好分包工作

大型土石方工程、结构安装工程以及特殊构筑物工程的施工等,若需实行分包的,则需在施工准备工作中依据调查中了解的有关情况,选定理想的协作单位。根据欲分包工程的工程量、完工日期、工程质量要求和工程造价等内容,签订分包合同。进行工程分包必须按照有关法规执行。

(3)向主管部门提交开工申请报告

在进行相应施工准备工作的同时,若具备开工条件,应该及时填写开工申请报告,并上报主管部门以获得批准。

▶ **1.2.4 施工准备工作计划**

为了落实各项施工准备工作,加强检查和监督,必须根据各项施工准备工作的内容、时间和人员,编制施工准备工作计划,见表1.1所示。

表 1.1 施工准备工作计划

序 号	施工准备项目	简要内容	负责单位	负责人	起止时间		备 注
					月 日	月 日	

综上所述,各项施工准备工作不是分离的、孤立的,而是互为补充、相互配合的。为了提高施工准备工作的质量,加快施工准备工作的速度,必须加强建设单位、设计单位和施工单位之间的协调工作,建立健全施工准备工作的责任制度和检查制度,使施工准备工作有领导、有组织、有计划和分期分批地进行,贯穿施工的全过程。

1.3 组织建筑工程施工的基本原则

根据我国建筑业施工长期积累的经验和建筑施工的特点,为全面完成施工项目的既定目标,实现项目的经济效益和社会效益,在组织建筑施工的过程中一般应遵循以下几项基本原则:

(1)认真执行基本建设程序

经过多年的基本建设实践,明确了基本建设的程序主要是计划、设计和施工等几个主要阶段,它是由基本建设工作客观规律所决定的。我国几十年的基本建设历史表明,只有遵循上述程序时,基本建设才能顺利进行;当违背这个程序时,不但会造成施工的混乱,影响工程质量,还可能造成严重的浪费或工程事故。因此,认真执行基本建设程序,是保证建筑安装工程施工顺利进行的重要条件。

(2)做好施工项目排队,保证重点,统筹安排

建筑施工企业和建设单位的根本目的是尽快完成拟建工程的建设任务,使其早日投产交付使用,尽快发挥基本建设投资的效益。这就要求施工企业的计划决策人员,必须根据拟建工程项目的重要程度和工期要求等,进行统筹安排,分期排队,把有限的资源优先用于国家和建设单位急需的重点工程项目,使其早日建成,投产使用。同时也应该安排好一般工程项目,

注意处理好主体工程和配套工程、准备工程项目、施工项目和收尾项目之间施工力量的分配，从而获得总体的最佳效果。

（3）遵循建筑施工工艺和技术规律，坚持合理的施工程序和施工顺序

建筑施工工艺及其技术规律，是建筑工程施工固有的客观规律。分部（分项）工程施工中的任何一道工序也不能省略或颠倒。

建筑施工程序和施工顺序是建筑产品生产过程中阶段性的固有规律和分部（分项）工程的先后次序。建筑产品生产活动是在同一场地不同空间，同时交叉搭接地进行，前面的工作不完成，后面的工作就不能开始。这种前后顺序必须符合建筑施工程序和施工顺序。交叉则体现争取时间的主观努力。

（4）采用流水施工方法和网络计划技术组织施工

实践经验证明，采用流水施工方法组织施工，不仅能使拟建工程的施工有节奏、均衡和连续地进行，而且还会带来显著的技术、经济效益。

网络计划技术是当代计划管理的最新方法，它是应用网络图形表达计划中各项工作的相互关系，具有逻辑严密、层次清晰、关键问题明确，可以进行计划方案优化、控制和调整，有利于计算机在计划管理中的应用等优点。它在各种计划管理中得到了广泛应用。

（5）科学地安排冬、雨季施工项目，保证全年生产的连续性和均衡性

建筑施工一般都是露天作业，易受气候影响，严寒和雨天都不利于建筑施工的正常进行。随着施工技术的发展，目前已经有成熟的冬、雨季施工措施，但会增加施工费用。这就要求要科学地安排冬、雨季施工项目，即在安排施工进度计划时，根据施工项目的具体情况，将适合冬、雨季施工的，不会过多增加施工费用的储备工程安排在冬、雨季施工，增加了全年的施工天数，尽量做到全面均衡、连续地施工。

（6）贯彻工厂预制和现场预制相结合的方针，提高建筑产品工业化程度

建筑技术进步的重要标志之一是建筑产品工业化，建筑产品工业化的前提条件是建筑施工中广泛采用预制装配式构件。扩大预制装配程度是走向建筑产品工业化的必由之路。

在选择预制构件加工方法时，应根据构件的种类、运输和安装条件以及加工生产的水平等因素，进行技术经济比较，合理地决定工厂预制和现场预制构件的种类，贯彻工厂预制和现场预制相结合的方针，取得最佳的效果。

（7）充分利用现有机械设备，提高机械化程度

在建筑施工过程中，尽量以机械化施工代替手工操作，这是建筑技术进步的另一重要标志。尤其是大面积的平整场地、大型土石方工程、大批量的装卸和运输、大型钢筋混凝土构件或钢结构构件的制作和安装等繁重施工过程的机械化施工，对于改善劳动条件、减轻劳动强度、提高劳动生产率和经济效益都很显著。

目前我国建筑施工企业的技术装备程度还很不够，满足不了生产的需要。为此在组织工程项目施工时，要结合当地和工程情况，充分利用现有的机械设备。

在选择施工机械时，要进行技术经济比较，使大型机械和中、小型机械结合起来，使机械化和半机械化结合起来，尽量扩大机械化施工范围，提高机械化施工程度。同时要充分发挥机械设备的生产率，保持其作业的连续性，提高机械设备的利用率。

（8）尽量采用国内外先进的施工技术和科学管理方法

先进的施工技术与科学的施工管理手段相结合，是改善建筑施工企业和建筑施工项目经理

部的生产经营管理素质、提高劳动生产率、保证工程质量、缩短工期、降低工程成本的重要途径。为此在编制施工组织设计时,应广泛地采用国内外先进施工技术和科学的施工管理方法。

(9)尽量减少暂设工程,合理地储备物资,减少物资运输量,科学地布置施工平面图

暂设工程在施工结束之后就要拆除,其投资有效时间很短暂,因此在组织工程项目施工时,对暂设工程和大型临时设施的用法、数量和建造方式等方面,要进行技术经济的可行性研究,在满足施工需要的前提下,使其数量最少且造价最低。这对于降低工程成本和减少施工用地都是十分重要的。

建筑产品生产所需要的建筑材料、构(配)件、制品等种类繁多,数量庞大,各种物资的储存数量、方式都必须科学合理。对物资库存采用 ABC 分类法和经济订购批量法,在保证正常供应的前提下,其储存数量要尽可能地少。这样可以大量减少仓库、堆场的占地面积,降低工程成本、提高工程项目的经济效益。

建筑材料的运输费在工程成本中所占的比重也是相当可观的,因此在组织工程项目施工时,要尽量采用当地资源,减少其运输量。同时应选择最优的运输方式、工具和线路,使其运输费用最低。

减少暂设工程的数量和物资储备的数量,为合理地布置施工平面图提供了有利条件。施工平面图在满足施工需要的情况下,尽可能使其紧凑与合理,减少施工用地,有利于降低工程成本。

综合上述原则,建筑施工组织设计既是建筑产品生产的客观需要,又是加快施工速度、缩短工期、保证工程质量、降低工程成本、提高建筑施工企业和工程项目建设单位的经济效益的需要。所以,必须在组织工程项目施工过程中认真地贯彻执行。

思考题

1.施工组织的研究对象和任务是什么?

2.简述施工项目产品及其生产的特点。

3.简述基本建设程序和施工程序。

4.施工准备工作的重要性有哪些?

5.施工准备工作如何分类?

6.施工准备工作的主要内容有哪些?

7.简述技术准备工作的内容及物资准备的程序。

8.简述编制施工组织设计的重要性。

9.何谓施工组织设计? 它的任务和作用有哪些?

10.简述施工组织设计的分类。

11.施工组织设计的内容有哪些?

12.施工组织设计的编制方法和原则是什么?

13.分别简述施工组织总设计、单位工程施工组织设计、分部(分项)工程施工组织设计的编制程序?

14.如何进行施工组织设计的检查和调整?

流水施工原理

【本章导读】了解流水施工的概念及特点,掌握流水施工的主要参数及其确定方法;了解流水施工的分类,熟悉流水指示图表的绘制方法;了解流水施工的组织形式,重点掌握固定节拍流水、成倍节拍流水和分别流水施工的组织方法。

流水施工就是把一个工程项目分成若干段,把施工队伍按不同工种、不同作业方式分成若干组,根据工艺要求使每个施工段上都有施工队作业,且每个施工队都有工作可干,各施工队在不同的施工段上进行流水作业,保证了施工进度,提高了施工效率,节约了项目投资,是一种有效的施工方式。

2.1 流水施工的基本概念

▶ 2.1.1 组织施工的几种方式

任何一个建筑工程都是由许多施工过程组成的,而每一个施工过程可以组织一个或多个施工队组来进行施工。如何组织各施工队组的先后顺序或平行搭接施工,是组织施工的一个基本问题。通常,组织施工时有依次施工、平行施工和流水施工3种方式,它们的特点和效果分析如下:

1)依次施工

依次施工也称顺序施工,是将工程对象任务分解成若干个施工过程,按照一定的施工顺序,前一个施工过程完成后,后一个施工过程才开始;或前一个施工段完成后,下一个施工段才开始施工。它是一种最基本的、最原始的施工组织方式。

【例2.1】 某四幢相同的建筑物,其编号分别为Ⅰ、Ⅱ、Ⅲ、Ⅳ,它们的基础工程量都相等,而且都是由挖土方、做垫层、砌基础和回填土4个施工过程组成,每个施工过程的施工天数均为5天。按照依次施工组织方式施工,进度计划安排如图2.1"依次施工"栏所示。

由图2.1可以看出,依次施工组织方式的优点是每天投入的劳动力较少,机械使用不集中,材料供应较单一,施工现场管理简单,便于组织和安排。其缺点如下:

①由于没有充分地利用工作面去争取时间,所以工期最长。

②各队组施工及材料供应无法保持连续和均衡,工人有窝工的情况。

③不利于改进工人的操作方法和施工机具,不利于提高工程质量和劳动生产率。

④按施工过程依次施工时,各施工队组虽能连续施工,但不能充分利用工作面,工期长,且不能及时为上部结构提供工作面。

由此可见,采用依次施工不但工期拖得较长,且在组织安排上也不尽合理。当工程规模比较小,施工工作面又有限时,依次施工是适用的,也是常见的。

工程编号	分项工程名称	工作队人数	施工天数	施工进度/天 (依次施工 80)																施工进度/天 (平行施工 20)				施工进度/天 (流水施工 35)						
				5	10	15	20	25	30	35	40	45	50	55	60	65	70	75	80	5	10	15	20	5	10	15	20	25	30	35
Ⅰ	挖土方	8	5	▨																▨				▨						
	垫层	6	5		▨																▨				▨					
	砌基础	14	5			▨																▨				▨				
	回填土	5	5				▨																▨				▨			
Ⅱ	挖土方	8	5					▨												▨					▨					
	垫层	6	5						▨												▨					▨				
	砌基础	14	5							▨												▨					▨			
	回填土	5	5								▨												▨					▨		
Ⅲ	挖土方	8	5									▨								▨						▨				
	垫层	6	5										▨								▨						▨			
	砌基础	14	5											▨								▨						▨		
	回填土	5	5												▨								▨						▨	
Ⅳ	挖土方	8	5													▨				▨							▨			
	垫层	6	5														▨				▨							▨		
	砌基础	14	5															▨				▨							▨	
	回填土	5	5																▨				▨							▨

劳动力动态图

依次施工:8 6 14 5 8 6 14 5 8 6 14 5 8 6 14 5
平行施工:32 24 56 20 8
流水施工:14 28 33 25 19 5

施工组织方式:依次施工 | 平行施工 | 流水施工

图2.1 施工组织方式图

2)平行施工

平行施工是指全部工程任务的各施工段同时开工、同时完成的一种施工组织方式。

在例2.1中,如果采用平行施工组织方式,其施工进度计划如图2.1中"平行施工"栏所示。由图2.1可以看出,平行施工组织方式的优点是充分利用了工作面,完成工程任务的时间最短;施工队组数成倍增加,机具设备也相应增加,材料供应集中;临时设施、仓库和堆场面积也要增加,从而造成组织安排和施工管理困难,增加施工管理费用。

平行施工一般适用于工期要求紧、大规模的建筑群及在各方面的资源供应有保障的前提下,才是合理的。

3)流水施工

流水施工就是指所有的施工过程按一定的时间间隔依次投入施工,各个施工过程陆续开工、陆续竣工,使同一施工过程的施工队组保持连续、均衡施工,不同的施工过程尽可能平行搭接施工的组织方式。

在例2.1中,采用流水施工组织方式,其施工进度计划如图2.1"流水施工"栏所示。由图2.1可以看出,流水施工所需的时间比依次施工短,各施工过程投入的劳动力比平行施工少;各施工队组的施工和物资的消耗具有连续性和均衡性,前后施工过程尽可能平行搭接施工,比较充分地利用了施工工作面;机具、设备、临时设施等比平行施工少,节约施工费用支出;材料等组织供应均匀。

流水施工是在依次施工和平行施工的基础上产生的,它既克服了依次施工和平行施工的缺点,又兼具两者的优点。它的特点是施工的连续性和均衡性,使各种物资资源可以均衡地使用,使施工企业的生产能力可以充分地发挥,劳动力得到了合理的安排和使用,具体可归纳为以下特点:

①科学地利用了工作面,争取了时间,工期比较合理。

②工作队及其工人实现了专业化施工,可使工人的操作技术熟练,更好地保证工程质量,提高劳动生产率。

③专业工作队及其工人能够连续作业,使相邻的专业工作队之间实现了最大限度的合理搭接。

④单位时间投入施工的资源量较为均衡,有利于资源供应的组织工作。

⑤为文明施工和进行现场的科学管理创造了有利条件。

▶ 2.1.2 流水施工的经济效果

流水施工在工艺划分、时间排列和空间布置上统筹安排,必然会给项目经理部带来显著的经济效果,具体可归纳为以下几点:

①便于改善劳动组织,改进操作方法和施工机具,有利于提高劳动生产率。

②专业化的生产可提高工人的技术水平,使工程质量相应的提高。

③工人技术水平和劳动生产率的提高,可以减少用工量和施工暂设工程建造量,降低工程成本,提高利润水平。

④可以保证施工机械和劳动力得到充分、合理的利用。

⑤由于流水施工的连续性,减少了专业工作的间隔时间,达到了缩短工期的目的,可使拟建工程项目尽早竣工,交付使用,发挥投资效益。

⑥由于工期短、效率高、用人少、资源消耗均衡,可以减少现场管理费和物资消耗,实现合理储存与供应,有利于提高项目经理部的综合经济效益。

► 2.1.3 流水施工的表达方式

流水施工的表达方式,主要有水平指示图表、垂直指示图表和网络图 3 种。

1)水平指示图表

流水施工水平指示图表又称横道图,也称甘特图。在水平指示图表中,横坐标表示示流水施工的持续时间;纵坐标表示开展流水施工的施工过程、专业工作队的名称、编号和数目;呈梯形分布的水平线段表示流水施工的开展情况,如图 2.2 所示。T 为流水施工计划总工期;T_1 为最后一个专业工作队或施工过程完成施工段全部施工任务的持续时间;n 为专业工作队数或施工过程数;m 为施工段数;K 为流水步距;t_i 为流水节拍;Ⅰ,Ⅱ,Ⅲ,Ⅳ,Ⅴ…为专业工作队或施工过程的编号;①,②,③,④,…为施工段的编号。

水平指示图表的优点是,绘图简单,施工过程及其先后顺序清楚,时间和空间状况形象直观,水平线段的长度可以反映流水施工进度,使用方便。在实际工程中,常用水平图表编制施工进度计划。

2)垂直指示图

垂直指示图表又称斜线图。在垂直指示图表中,横坐标表示流水施工的持续时间;纵坐标表示开展流水施工所划分的施工段编号,施工段编号自下而上排列;n 条斜线段表示各专业工作队或施工过程开展流水施工的情况,如图 2.3 所示(图中各符号的含义同图 2.2 所示)。

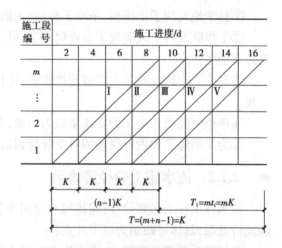

图 2.2　水平指示图表　　　　　　图 2.3　垂直指示图表

垂直指示图表的优点是,施工过程及其先后顺序清楚,时间和空间状况形象直观,斜向进度线的斜率可以明显表示出各施工过程的施工速度;利用垂直指示图表研究流水施工的基本理论比较方便,但编制实际工程进度计划不如横道图方便,一般不用其表示实际工程的流水施工进度计划。

3)网络图

有关流水施工网络图的表达方式,详见第 3 章网络计划技术。

2.2　流水施工的基本参数

由流水施工的基本概念及组织流水施工的条件可知:施工过程的分解、流水施工段的划分、施工队组的组织、施工过程间的搭接、各流水施工段上的作业时间5个方面的问题是流水施工中需要解决的主要问题。为此,流水施工基本原理中将上述问题归纳为工艺、空间和时间3个参数,称为流水施工基本参数。

▶　2.2.1　工艺参数

在组织流水施工时,用以表达流水施工在施工工艺上开展顺序及其特征的参数,称为工艺参数。通常,工艺参数包括施工过程数和流水强度两种。

1)施工过程数

施工过程数是指参与一组流水的施工过程数目,以符号 n 表示。施工过程划分的数目多少、粗细程度一般与下列因素有关:

(1)施工计划的性质与作用

对工程施工控制性计划、长期计划及建筑群体规模大、结构复杂、施工工期长的工程的施工进度计划,其施工过程划分可粗些,综合性大些,一般划分至单位工程或分部工程;对中小型单位工程及施工工期不长的工程的施工进度计划,其施工过程划分可细些、具体些,一般划分至分项工程;对月度作业性计划,有些施工过程还可分解为工序,如安装模板、绑扎钢筋等。

(2)施工方案及工程结构

施工过程的划分与工程的施工方案及工程结构形式有关。如厂房的柱基础与设备基础挖土如同时施工,可合并为一个施工过程;若先后施工,可分为两个施工过程。承重墙与非承重墙的砌筑也是如此。砌体结构、大墙板结构、装配式框架与现浇钢筋混凝土框架等不同的结构体系,其施工过程划分及其内容也各不相同。

(3)劳动组织及劳动量大小

施工过程的划分与施工队组的组织形式有关。如现浇钢筋混凝土结构的施工,如果是单一工种组成的施工班组,可以划分为支模板、绑扎钢筋、浇筑混凝土3个施工过程;同时为了组织流水施工的方便或需要,也可合并成一个施工过程,这时劳动班组由多工种混合班组组成。

施工过程的划分还与劳动量大小有关。劳动量小的施工过程,当组织流水施工有困难时,可与其他施工过程合并,如垫层劳动量较小时可与挖土合并为一个施工过程,这样可以使各个施工过程的劳动量大致相等,便于组织流水施工。

(4)施工过程内容和工作范围

一般来说,施工过程可分为下述4类:

①加工厂(或现场外)生产各种预制构件的施工过程。

②各种材料及构配件、半成品的运输过程。

③直接在工程对象上操作的各个施工过程(安装砌筑类施工过程)。

④大型施工机具安置及砌砖、抹灰、装修等脚手架搭设施工过程(不构成工程实体的施工过程)。

前两类施工过程,一般不应占有施工工期,只配合工程实体施工进度的需要,及时组织生产和供应到现场,所以一般可以不划入流水施工过程;第3类必须划入流水施工过程;第4类要根据具体情况,如果需要占有施工工期,则可划入流水施工过程。

2)流水强度

流水强度是指某施工过程在单位时间内所完成的工程量,一般以 V_i 表示。

(1)机械施工过程的流水强度

$$V_i = \sum_{i=1}^{x} R_i S_i \tag{2.1}$$

式中 　V_i——某施工过程 i 的机械操作流水强度;

　　　R_i——投入施工过程 i 的某种施工机械台班数;

　　　S_i——投入施工过程 i 的某种施工机械产量定额;

　　　x——投入施工过程 i 的施工机械种类数。

(2)人工施工过程的流水强度

$$V_i = R_i S_i \tag{2.2}$$

式中 　V_i——某施工过程 i 的人工操作流水强度;

　　　R_i——投入施工过程 i 的工作队人数;

　　　S_i——投入施工过程 i 的工作队平均产量定额。

▶ **2.2.2 空间参数**

在组织流水施工时,用以表达流水施工在空间布置上所处状态的参数,称为空间参数。空间参数主要有:工作面、施工段数和施工层数。

1)工作面

某专业工种的工人在从事建筑产品施工生产过程中所必须具备的活动空间,这个活动空间称为工作面。它的大小是根据相应工种单位时间内的产量定额、工程操作规程和安全规程等的要求确定的。工作面确定的合理与否,直接影响到专业工种工人的劳动生产效率,为此必须认真加以对待,合理确定。有关工种的工作面见表2.1。

表2.1　主要工种工作面参考数据表

工作项目	每个技工的工作面	说　明
砖基础	7.6 m/人	以 $1\frac{1}{2}$ 砖计,2砖乘以0.8,3砖乘以0.55
砌砖墙	8.5 m/人	以1砖计,$1\frac{1}{2}$砖乘以0.71,2砖乘以0.57
毛石墙基	3 m/人	以60 cm计
毛石墙	3.3 m/人	以40 cm计
混凝土柱、墙基础	8 m³/人	机拌、机捣

续表

工作项目	每个技工的工作面	说　明
混凝土设备基础	7 m³/人	机拌、机捣
现浇钢筋混凝土柱	2.45 m³/人	机拌、机捣
现浇钢筋混凝土梁	3.20 m³/人	机拌、机捣
现浇钢筋混凝土墙	5 m³/人	机拌、机捣
现浇钢筋混凝土楼板	5.3 m³/人	机拌、机捣
预制钢筋混凝土柱	3.6 m³/人	机拌、机捣
预制钢筋混凝土梁	3.6 m³/人	机拌、机捣
预制钢筋混凝土屋架	2.7 m³/人	机拌、机捣
预制钢筋混凝土平板、空心板	1.91 m³/人	机拌、机捣
预制钢筋混凝土大型屋面板	2.62 m³/人	机拌、机捣
混凝土地坪及面层	40 m²/人	机拌、机捣
外墙抹灰	16 m²/人	
内墙抹灰	18.5 m²/人	
卷材屋面	18.5 m²/人	
防水水泥砂浆屋面	16 m²/人	
门窗安装	11 m²/人	

2)施工段数和施工层数

施工段数和施工层数是指工程对象在组织流水施工中所划分的施工区段数目。一般把平面上划分的若干个劳动量大致相等的施工区段称为施工段,用符号 m 表示。把建筑物垂直方向划分的施工区段称为施工层,用符号 r 表示。

划分施工区段的目的,在于保证不同的施工队组能在不同的施工区段上同时进行施工,消灭由于不同的施工队组不能同时在一个工作面上工作而产生的互等、停歇现象,为流水施工创造条件。

划分施工段的基本要求:

①施工段的数目要合理。施工段数过多势必要减少人数,工作面不能充分利用,拖长工期;施工段数过少,则会引起劳动力、机械和材料供应的过分集中,有时还会造成"断流"现象。

②各施工段的劳动量(或工程量)要大致相等(相差宜在15%以内),以保证各施工队组连续、均衡、有节奏地施工。

③要有足够的工作面,使每一施工段所能容纳的劳动力人数或机械台数能满足合理劳动组织的要求。

④要有利于结构的整体性。施工段分界线宜划在伸缩缝、沉降缝以及对结构整体性影响较小的位置。

⑤以主导施工过程为依据进行划分。例如在砌体结构房屋施工中,就是以砌砖、楼板安装为主导施工过程来划分施工段的;而对于整体的钢筋混凝土框架结构房屋,则是以钢筋混凝土工程作为主导施工过程来划分施工段的。

⑥当组织流水施工的工程对象有层间关系,分层分段施工时,应使各施工队组能连续施工。即施工过程的施工队组做完第一段能立即转入第二段,施工完第一层的最后一段能立即转入第二层的第一段。因此,每层的施工段数必须大于或等于其施工过程数。即:

$$m \geqslant n \tag{2.3}$$

【例2.2】 某3层砌体结构房屋的主体工程,施工过程划分为砌砖墙、现浇圈梁(含构造柱、楼梯)、预制楼板安装灌缝等,设每个施工过程在各个施工段上施工所需要的时间均为3天,则施工段数与施工过程数之间可能有下述3种情况:

①当 $m=n$ 时,即每层分3个施工段组织流水施工时,其施工进度安排如图2.4所示。

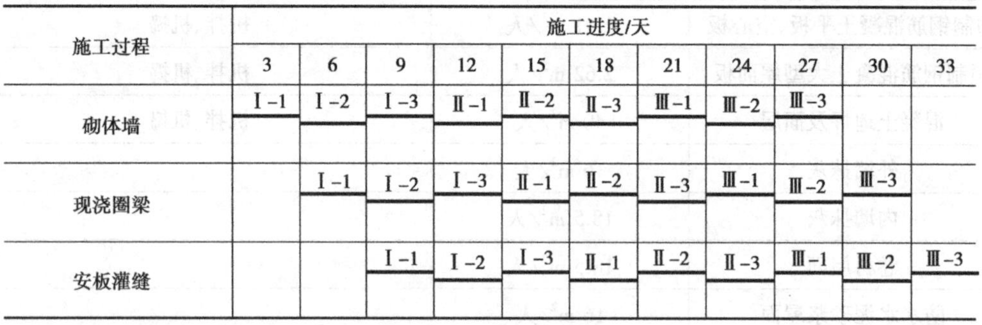

施工过程	施工进度/天										
	3	6	9	12	15	18	21	24	27	30	33
砌体墙	Ⅰ-1	Ⅰ-2	Ⅰ-3	Ⅱ-1	Ⅱ-2	Ⅱ-3	Ⅲ-1	Ⅲ-2	Ⅲ-3		
现浇圈梁		Ⅰ-1	Ⅰ-2	Ⅰ-3	Ⅱ-1	Ⅱ-2	Ⅱ-3	Ⅲ-1	Ⅲ-2	Ⅲ-3	
安板灌缝			Ⅰ-1	Ⅰ-2	Ⅰ-3	Ⅱ-1	Ⅱ-2	Ⅱ-3	Ⅲ-1	Ⅲ-2	Ⅲ-3

图2.4 $m=n$ 时的进度安排
(图中Ⅰ、Ⅱ、Ⅲ表示楼层,1、2、3表示施工段)

从图2.4可以看出:当 $m=n$ 时,各施工队组连续施工,施工段上始终有施工队组,工作面能充分利用,无停歇现象,也不会产生工人窝工现象,比较理想。

②当 $m>n$ 时,即每层分4个施工段组织流水施工时,其施工进度安排如图2.5所示。

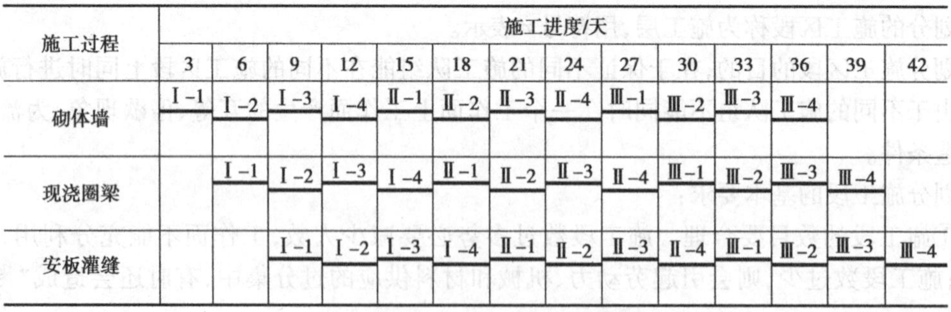

施工过程	施工进度/天													
	3	6	9	12	15	18	21	24	27	30	33	36	39	42
砌体墙	Ⅰ-1	Ⅰ-2	Ⅰ-3	Ⅰ-4	Ⅱ-1	Ⅱ-2	Ⅱ-3	Ⅱ-4	Ⅲ-1	Ⅲ-2	Ⅲ-3	Ⅲ-4		
现浇圈梁		Ⅰ-1	Ⅰ-2	Ⅰ-3	Ⅰ-4	Ⅱ-1	Ⅱ-2	Ⅱ-3	Ⅱ-4	Ⅲ-1	Ⅲ-2	Ⅲ-3	Ⅲ-4	
安板灌缝			Ⅰ-1	Ⅰ-2	Ⅰ-3	Ⅰ-4	Ⅱ-1	Ⅱ-2	Ⅱ-3	Ⅱ-4	Ⅲ-1	Ⅲ-2	Ⅲ-3	Ⅲ-4

图2.5 $m>n$ 时的进度安排
(图中Ⅰ、Ⅱ、Ⅲ表示楼层,1、2、3、4表示施工段)

从图2.5可以看出:当 $m>n$ 时,施工队组仍是连续施工,但每层楼板安装后不能立即投入砌砖,即施工段上有停歇,工作面未被充分利用。但工作面的停歇并不一定有害,有时还是必要的,如可以利用停歇的时间做养护、备料、弹线等工作。但当施工段数目过多,必然导致工作面闲置,不利于缩短工期。

③当 $m<n$ 时,即每层分两个施工段组织施工时,其施工进度安排如图 2.6 所示。

施工过程	施工进度/天									
	3	6	9	12	15	18	21	24	27	30
砌体墙	Ⅰ-1	Ⅰ-2		Ⅱ-1	Ⅱ-2		Ⅲ-1	Ⅲ-2		
现浇圈梁		Ⅰ-1	Ⅰ-2		Ⅱ-1	Ⅱ-2		Ⅲ-1	Ⅲ-2	
安板灌缝			Ⅰ-1	Ⅰ-2		Ⅱ-1	Ⅱ-2		Ⅲ-1	Ⅲ-2

图 2.6 $m<n$ 时的进度安排
(图中 Ⅰ、Ⅱ、Ⅲ 表示楼层,1、2 表示施工段)

从图 2.6 可以看出:当 $m<n$ 时,尽管施工段上未出现停歇,但施工队组不能及时进入第二层施工段施工而轮流出现窝工现象,施工段没有空闲。因此,对于一个建筑物组织流水施工是不适宜的,应加以杜绝;但是,在建筑群中可与一些建筑物组织大流水施工,来弥补停工现象。

从上面的 3 种情况可以看出,施工段数目的多少直接影响工期的长短,要想保证专业工作队能够连续施工,必须满足 $m≥n$ 的要求。

在实际工作中,若某些施工过程需要考虑技术间歇和组织间歇时,则可用式(2.4)确定每层的最少施工段数:

$$m_{min} = n + \frac{\sum Z}{K} \tag{2.4}$$

式中 m_{min}——每层需划分的最少施工段;

n——施工过程数或专业工作队数;

$\sum Z$——某些施工过程之间的技术间歇和组织间歇时间之和;

K——流水步距。

应当指出,当无层间关系或无施工层(如某些单层建筑物、基础工程等)时,则施工段数 m 并不受式(2.3)和式(2.4)的限制,可按前面所述划分施工段的原则进行确定。

施工层的划分,要考虑施工项目的具体情况,根据建筑物的高度、楼层来确定。如砌筑工程的施工层高度一般为 1.2 m(一步架高);混凝土结构、室内抹灰、木装饰、油漆玻璃和水电安装等的施工高度,可按楼层进行施工层的划分。

► 2.2.3 时间参数

在组织流水施工时,用以表达流水施工在时间排列上所处状态的参数,称为时间参数。它包括:流水节拍、流水步距、平行搭接时间、技术间歇时间与组织管理间歇时间、工期。

1)流水节拍

流水节拍是指从事某一施工过程的施工队组在一个施工段上完成施工任务所需的时间,用符号 t_i 表示($i=1,2\cdots$)。

（1）流水节拍的确定

流水节拍的大小直接关系到投入的劳动力、机械和材料量的多少，决定着施工速度和施工节奏，因此合理确定流水节拍，具有重要意义。流水节拍可按下列 3 种方法确定：

①定额计算法。这是根据各施工段的工程量和现有能够投入的资源量（劳动力、机械台班数和材料量等），按式（2.5）或式（2.6）进行计算。

$$t_i = \frac{Q_i}{S_i R_i N_i} = \frac{P_i}{R_i N_i} \tag{2.5}$$

$$或 \ t_i = \frac{Q_i H_i}{R_i N_i} = \frac{P_i}{R_i N_i} \tag{2.6}$$

式中　t_i——某施工过程的流水节拍；

　　　　Q_i——某施工过程在某施工段上的工程量；

　　　　S_i——某施工队组的计划产量定额；

　　　　H_i——某施工队组的计划时间定额；

　　　　P_i——在一施工段上完成某施工过程所需的劳动量（工日数）或机械台班量（台班数），按式（2.7）计算；

　　　　R_i——某施工过程的施工队组人数或机械台数；

　　　　N_i——每天工作班制。

$$P_i = \frac{Q_i}{S_i} = Q_i H_i \tag{2.7}$$

在式（2.5）和式（2.6）中，S_i 和 H_i 应是施工企业的工人或机械所能达到的实际定额水平。

②经验估算法。它是根据以往的施工经验进行估算。一般为了提高其准确程度，往往先估算出该流水节拍的最长、最短和最可能 3 种时间，然后据此求出期望时间作为某施工队组在某施工段上的流水节拍。因此，本法也称为三种时间估算法，一般按式（2.8）计算：

$$t_i = \frac{a + 4c + b}{6} \tag{2.8}$$

式中　t_i——某施工过程在某施工段上的流水节拍；

　　　　a——某施工过程在某施工段上的最短估算时间；

　　　　b——某施工过程在某施工段上的最长估算时间；

　　　　c——某施工过程在某施工段上的最可能估算时间。

这种方法多适用于采用新工艺、新方法和新材料等没有定额可循的工程。

③工期计算法。对某些施工任务在规定日期内必须完成的工程项目，往往采用倒排进度法，即根据工期要求先确定流水节拍 t_i，然后应用式（2.5）和式（2.6）求出所需的施工队组人数或机械台班数。但在这种情况下，必须检查劳动力和机械供应的可能性，物资供应能否与之相适应。具体步骤如下：

a.根据工期倒排进度，确定某施工过程的工作延续时间。

b.确定某施工过程在某施工段上的流水节拍。若同一施工过程的流水节拍不等，则用估算法；若流水节拍相等，则按式（2.9）计算：

$$t_i = \frac{T_i}{m} \tag{2.9}$$

式中　t_i——某施工过程的流水节拍；

　　　T_i——某施工过程的工作持续时间；

　　　m——施工段数。

（2）确定流水节拍应考虑的因素

①施工队组人数应符合该施工过程最小劳动组合人数的要求。所谓最小劳动组合，就是指某一施工过程进行正常施工所必须的最低限度的队组人数及其合理组合。如模板安装就要按技工和普工的最少人数及合理比例组成施工队组，人数过少或比例不当都将引起劳动生产率的下降，甚至无法施工。

②要考虑工作面的大小或某种条件的限制。施工队组人数也不能太多，每个工人的工作面要符合最小工作面的要求。否则，就不能发挥正常的施工效率或不利于安全生产。

③要考虑各种机械台班的效率或机械台班产量的大小。

④要考虑各种材料、构配件等施工现场堆放量、供应能力及其他有关条件的制约。

⑤要考虑施工及技术条件的要求。例如，浇筑混凝土时，为了连续施工有时要按照三班制工作的条件决定流水节拍，以确保工程质量。

⑥确定一个分部工程各施工过程的流水节拍时，首先应考虑主要的、工程量大的施工过程的节拍，其次确定其他施工过程的节拍值。

⑦节拍值一般取整数，必要时可保留 0.5 天（台班）的小数值。

2）流水步距

流水步距是指两个相邻的施工过程的施工队组相继进入同一施工段开始施工的最小时间间隔（不包括技术与组织间歇时间），用符号 $K_{i,i+1}$ 表示（i 表示前一个施工过程，$i+1$ 表示后一个施工过程）。

流水步距的大小对工期有着较大影响。一般来说，在施工段不变的条件下，流水步距越大，工期越长；流水步距越小，则工期越短。流水步距还与前后两个相邻施工过程流水节拍的大小、施工工艺技术要求、施工段数目、流水施工的组织方式有关。

流水步距的数目等于 $n-1$ 个参加流水施工的施工过程（队组）数。

（1）确定流水步距的基本要求

①主要施工队组连续施工的需要。流水步距的最小长度，必须使主要施工专业队组进场以后不发生停工、窝工现象。

②施工工艺的要求。保证每个施工段的正常作业程序，不发生前一个施工过程尚未全部完成，而后一个施工过程提前介入的现象。

③最大限度搭接的要求。流水步距要保证相邻两个专业队在开工时间上最大限度地合理地搭接；

④要满足保证工程质量，满足安全生产、成品保护的需要。

（2）确定流水步距的方法

确定流水步距的方法很多，简捷、实用的方法主要有图上分析计算法（公式法）和累加数列法（潘特考夫斯基法）。公式法确定见 2.3 节中的相关内容，而累加数列法适用于各种形式的流水施工，且较为简捷、准确。

累加数列法没有计算公式，它的文字表达式为："累加数列错位相减取大差"。其计算步骤如下：

①将每个施工过程的流水节拍逐段累加,求出累加数列。

②根据施工顺序,对所求相邻的两累加数列错位相减。

③根据错位相减的结果,确定相邻施工队组之间的流水步距,即相减结果中数值最大者。

【例2.3】 某工程项目由A、B、C、D 4个施工过程组成,分别由4个专业工作队完成,平面上划分成4个施工段,每个施工过程在各个施工段上的流水节拍见表2.2。试确定相邻专业工作队之间的流水步距。

表2.2 某工程项目的流水节拍

施工过程 \ 施工段	Ⅰ	Ⅱ	Ⅲ	Ⅳ
A	4	2	3	2
B	3	4	3	4
C	3	2	2	3
D	2	2	1	2

【解】 ①求流水节拍的累加数列。

A:4,6,9,11

B:3,7,10,14

C:3,5,7,10

D:2,4,5,7

②错位相减。

A与B

$$
\begin{array}{r}
4, \quad 6, \quad 9, \quad 11 \\
- \qquad 3, \quad 7, \quad 10, \quad 14 \\
\hline
4, \quad 3, \quad 2, \quad 1, \quad -14
\end{array}
$$

B与C

$$
\begin{array}{r}
3, \quad 7, \quad 10, \quad 14 \\
- \qquad 3, \quad 5, \quad 7, \quad 10 \\
\hline
3, \quad 4, \quad 5, \quad 7, \quad -10
\end{array}
$$

C与D

$$
\begin{array}{r}
3, \quad 5, \quad 7, \quad 10 \\
- \qquad 2, \quad 4, \quad 5, \quad 7 \\
\hline
3, \quad 3, \quad 3, \quad 5, \quad -7
\end{array}
$$

③确定流水步距。因流水步距等于错位相减所得结果中数值最大者,故有

$$K_{A,B} = \max\{4,3,2,1,-14\} = 4 \text{ 天}$$
$$K_{B,C} = \max\{3,4,5,7,-10\} = 7 \text{ 天}$$
$$K_{C,D} = \max\{3,3,3,5,-7\} = 5 \text{ 天}$$

3) 平行搭接时间

在组织流水施工时,有时为了缩短工期,在工作面允许的条件下,如果前一个施工队组完成部分施工任务后,能够提前为后一个施工队组提供工作面,使后者提前进入前一个施工段,两者在同一施工段上平行搭接施工,这个搭接时间称为平行搭接时间,通常以 $C_{i,i+1}$ 表示。

4) 技术间歇时间

在组织流水施工时,除要考虑相邻专业工作队之间的流水步距外,有时根据建筑材料或现浇构件等的工艺性质,还要考虑合理的工艺等待间歇时间,这种相邻两个施工过程在时间上不能衔接施工而必须留出的时间间隔,称为技术间歇时间。如混凝土构件浇筑后的养护时间、砂浆抹灰面和油漆的干燥时间等。技术间歇时间用 $Z_{i,i+1}$ 表示。

5) 组织间歇时间

在流水施工中,由于施工技术或施工组织的原因,造成的在流水步距以外增加的间歇时间,称为组织间歇时间。如墙体砌筑前的墙身位置弹线,施工人员、机械转移,回填土前地下管道检查验收等。组织间歇时间用 $G_{i,i+1}$ 表示。

6) 工期

工期是指完成一项工程任务或一个流水组施工所需的时间,一般可采用式(2.10)计算完成一个流水组的工期。

$$T = \sum K_{i,i+1} + T_n + \sum Z_{i,i+1} + \sum G_{i,i+1} - \sum C_{i,i+1} \tag{2.10}$$

式中　T——流水组施工工期;

$\sum K_{i,i+1}$——流水施工中各流水步距之和;

T_n——流水施工中最后一个施工过程的持续时间;

$Z_{i,i+1}$——第 i 个施工过程与第 $i+1$ 个施工过程之间的技术间歇时间;

$G_{i,i+1}$——第 i 个施工过程与第 $i+1$ 个施工过程之间的组织间歇时间;

$C_{i,i+1}$——第 i 个施工过程与第 $i+1$ 个施工过程之间的平行搭接时间。

2.3　流水施工的组织方式

建筑工程的流水施工要求有一定的节拍,才能步调和谐、配合得当。流水施工的节奏是由节拍所决定的。由于建筑工程的多样性,各分部分项的工程量差异较大,要使所有的流水施工都组织成统一的流水节拍是很困难的。在大多数情况下,各施工过程的流水节拍不一定相等,甚至一个施工过程本身在各施工段上的流水节拍也不相等,因此形成了不同节奏特征的流水施工。

根据流水施工节奏特征的不同,流水施工的基本方式分为有节奏流水施工和无节奏流水施工两大类,如图 2.7 所示。

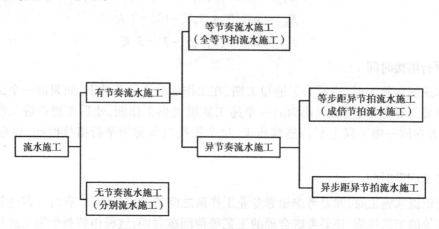

图 2.7　流水施工组织方式分类图

▶ **2.3.1　有节奏流水施工**

有节奏流水是指同一施工过程在各施工段上的流水节拍都相等的一种流水施工方式。当各施工段劳动量大致相等时,即可组织有节奏流水施工。

根据不同施工过程之间的流水节拍是否相等,有节奏流水又可分为等节奏流水和异节奏流水。

1)等节奏流水施工

等节奏流水是指同一施工过程在各施工段上的流水节拍都相等,并且不同施工过程之间的流水节拍也相等的一种流水施工方式。即各施工过程的流水节拍均为常数,故也称为全等节拍流水或固定节拍流水。

例如,某工程划分为 A、B、C、D 4 个施工过程,每个施工过程分 5 个施工段,流水节拍均为 3 天,组织等节奏流水施工,其进度计划安排如图 2.8 所示。

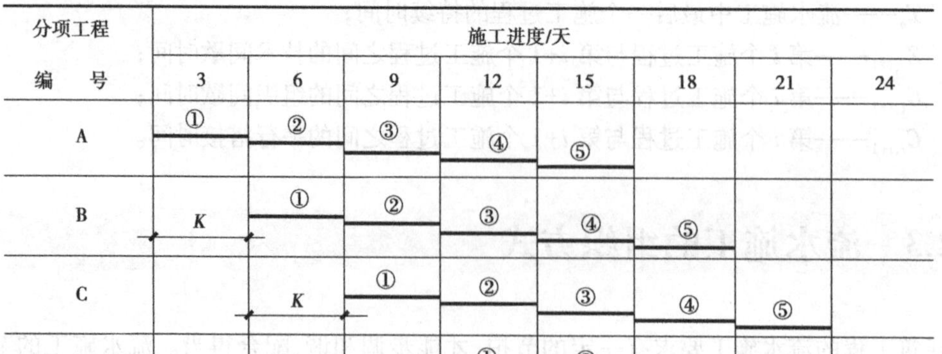

分项工程	施工进度/天							
编　号	3	6	9	12	15	18	21	24
A	①	②	③	④	⑤			
B	K	①	②	③	④	⑤		
C		K	①	②	③	④	⑤	
D			K	①	②	③	④	⑤

$$T=(m+n-1)\cdot K=24$$

图 2.8　等节拍流水施工进度计划

(1)等节奏流水施工的特征

①各施工过程在各施工段上的流水节拍彼此相等。如有 n 个施工过程,流水节拍为 t_i,则: $t_1 = t_2 = t_3 = \cdots = t_{n-1} = t_n = t$(常数)。

②流水步距彼此相等,而且等于流水节拍值,即: $K_{1,2} = K_{2,3} = K_{3,4} \cdots K_{n-1,n} = K = t$(常数)。

③各专业工作队在各施工段上能够连续作业,施工段之间没有空闲时间。

④施工班组数 (n_1) 等于施工过程数 (n)。

(2)等节奏流水施工段数目 (m) 的确定

①无层间关系时,施工段数 (m) 按划分施工段的基本要求确定即可。

②有层间关系时,为了保证各施工队组连续施工,应取 $m \geq n$。此时,每层施工段空闲数为 $m-n$,一个空闲施工段的时间为 t,则每层的空闲时间为: $(m-n)t = (m-n)K$。

若一个楼层内各施工过程间的技术、组织间歇时间之和为 $\sum Z_1$,楼层间技术、组织间歇时间为 Z_2。如果每层的 $\sum Z_1$ 均相等, Z_2 也相等,则保证各施工队组能连续施工的最小施工段数 (m) 的确定如下:

$$(m - n)K = \sum Z_1 + Z_2$$

$$m = n + \frac{\sum Z_1}{K} + \frac{Z_2}{K} \tag{2.11}$$

式中　m——施工段数;

　　　n——施工过程数;

　　　$\sum Z_1$——一个楼层内各施工过程间技术、组织间歇时间之和;

　　　Z_2——楼层间技术、组织间歇时间;

　　　K——流水步距。

(3)流水施工工期计算

①不分施工层时,可按式(2.12)进行计算。根据一般工期计算公式(2.10)得:

因为 $\sum K_{i,i+1} = (n - 1)t$, $T_n = mt$, $K = t$

所以 $T = (n - 1)K + mK + \sum Z_{i,i+1} - \sum C_{i,i+1}$

$$T = (m + n - 1)K + \sum Z_{i,i+1} - \sum C_{i,i+1} \tag{2.12}$$

式中　T——流水施工总工期;

　　　m——施工段数;

　　　n——施工过程数;

　　　t——流水节拍;

　　　K——流水步距;

　　　$Z_{i,i+1}$—— $i,i+1$ 两施工过程之间的技术与组织间歇时间;

　　　$C_{i,i+1}$—— $i,i+1$ 两施工过程之间的平行搭接时间。

②分施工层时,可按式(2.13)进行计算:

$$T = (mr + n - 1)K + \sum Z_1 - \sum C_1 \tag{2.13}$$

式中　$\sum Z_1$——同一施工层中技术与组织间歇时间之和;

$\sum C_1$——同一施工层中平行搭接时间之和。

其他符号含义同前。

【例2.4】 某分部工程划分为 A、B、C、D 4 个施工过程,每个施工过程分 3 个施工段,各施工过程的流水节拍均为 4 天,试组织等节奏流水施工。

【解】 ①确定流水步距。由等节奏流水的特征可知:

$$K = t = 4 \text{ 天}$$

②计算工期。按公式(2.12)得

$$T = (m + n - 1)K + \sum Z_{i,i+1} - \sum C_{i,i+1} = (3 + 4 - 1) \times 4 + 0 + 0 = 24 \text{ 天}$$

③用横道图绘制流水进度计划,如图 2.9 所示。

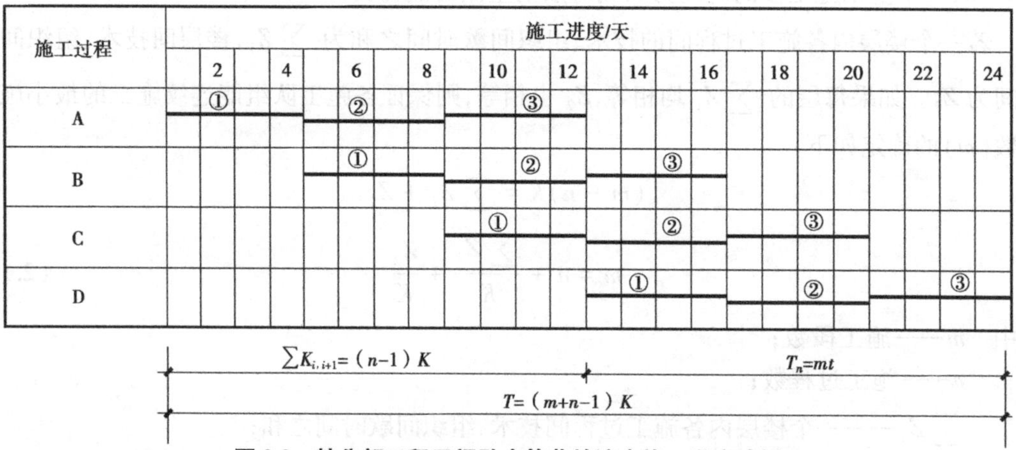

图2.9 某分部工程无间歇全等节拍流水施工进度计划

【例2.5】 某工程由 A、B、C、D 4 个施工过程组成,划分成 2 个施工层组织流水施工,各施工过程的流水节拍均为 2 天,其中,施工过程 B 与 C 之间有 2 天的技术间歇时间,层间技术间歇为 2 天。为了保证施工队组连续作业,试确定施工段数、计算工期、绘制流水施工进度表。

【解】 ①确定流水步距。由等节奏流水的特征可知:

$$K_{A,B} = K_{B,C} = K_{C,D} = K = 2 \text{ 天}$$

②确定施工段数。本工程分 2 个施工层,施工段数由式(2.11)确定。

$$m = n + \frac{\sum Z_1}{K} + \frac{Z_2}{K} = 4 + \frac{2}{2} + \frac{2}{2} = 6$$

③计算流水工期:由公式(2.13)得:

$$T = (mr + n - 1)K + \sum Z_1 - \sum C_1 = (6 \times 2 + 4 - 1) \times 2 \text{ 天} + 2 \text{ 天} - 0 = 32 \text{ 天}$$

④绘制流水施工进度表,如图 2.10 或图 2.11 所示。

等节奏流水施工的组织方法是:首先划分施工过程,应将劳动量小的施工过程合并到相邻施工过程中去,以使各流水节拍相等;其次确定主要施工过程的施工队组人数,计算其流水节拍;最后根据已定的流水节拍,确定其他施工过程的施工队组人数及其组成。

等节奏流水施工一般适用于工程规模较小、建筑结构比较简单、施工过程不多的房屋或某些构筑物。常用于组织一个分部工程的流水施工。

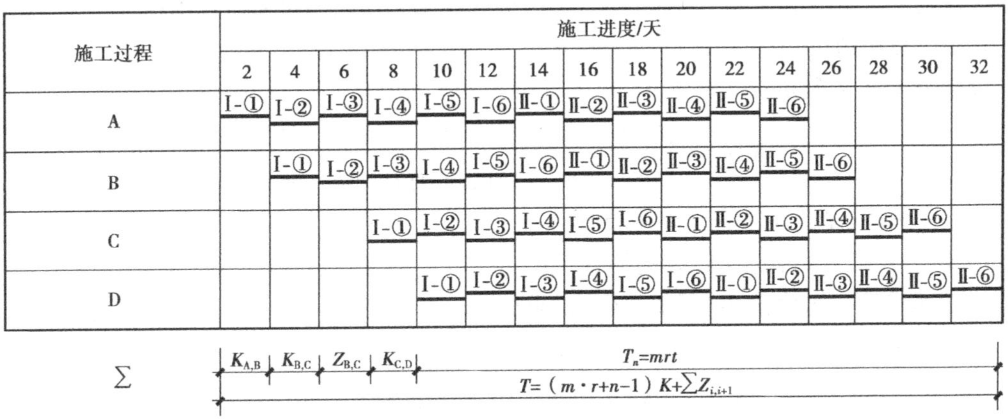

施工过程	施工进度/天															
	2	4	6	8	10	12	14	16	18	20	22	24	26	28	30	32
A	I-①	I-②	I-③	I-④	I-⑤	I-⑥	II-①	II-②	II-③	II-④	II-⑤	II-⑥				
B		I-①	I-②	I-③	I-④	I-⑤	I-⑥	II-①	II-②	II-③	II-④	II-⑤	II-⑥			
C				I-①	I-②	I-③	I-④	I-⑤	I-⑥	II-①	II-②	II-③	II-④	II-⑤	II-⑥	
D					I-①	I-②	I-③	I-④	I-⑤	I-⑥	II-①	II-②	II-③	II-④	II-⑤	II-⑥

$\sum$　$K_{A,B}$　$K_{B,C}$　$Z_{B,C}$　$K_{C,D}$　　　　　　$T_n=mrt$

$$T=(m\cdot r+n-1)K+\sum Z_{i,i+1}$$

图 2.10　某工程分层并有间歇等节奏流水施工进度计划(施工层横向排列)

(图中 Ⅰ、Ⅱ表示楼层,①、②、③、④、⑤、⑥表示施工段)

施工层	施工过程	施工进度/天															
		2	4	6	8	10	12	14	16	18	20	22	24	26	28	30	32
Ⅰ	A	①	②	③	④	⑤	⑥										
	B		①	②	③	④	⑤	⑥									
	C			$Z_{B,C}$	①	②	③	④	⑤	⑥							
	D					①	②	③	④	⑤	⑥						
Ⅱ	A						Z_2	①	②	③	④	⑤	⑥				
	B								①	②	③	④	⑤	⑥			
	C									$Z_{B,C}$	①	②	③	④	⑤	⑥	
	D											①	②	③	④	⑤	⑥

$(n-1)K+\sum Z_1$　　　　　　　　mrt

$$T=(m\cdot r+n-1)K+\sum Z_1$$

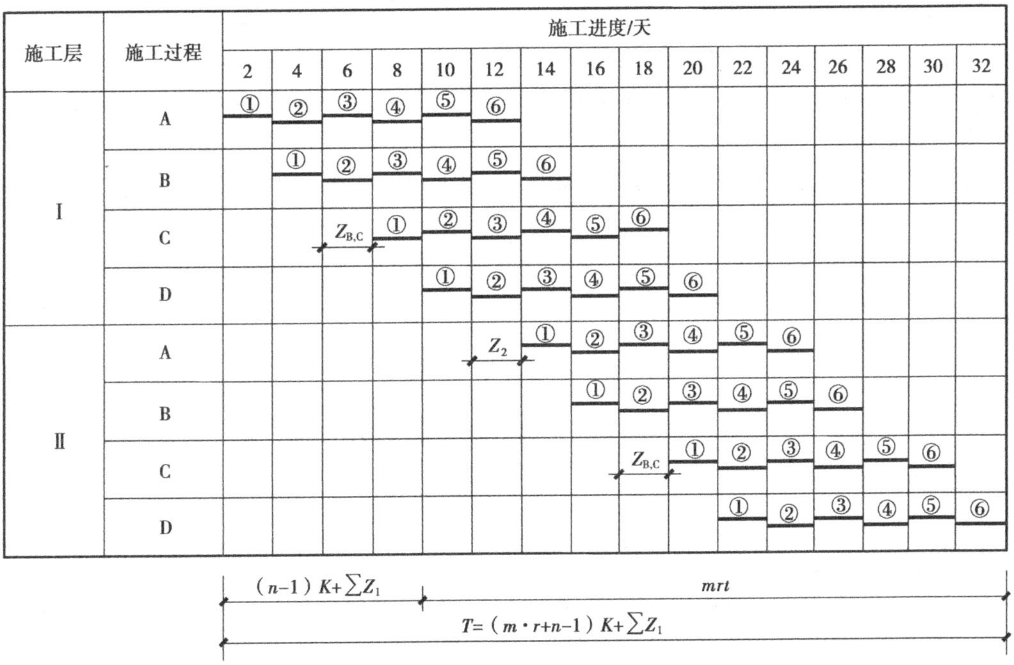

图 2.11　某工程分层并有间歇等节奏流水施工进度计划(施工层竖向排列)

(图中 Ⅰ、Ⅱ表示楼层,①、②、③、④、⑤、⑥表示施工段)

2)异节奏流水施工

异节奏流水施工是指同一施工过程在各施工段上的流水节拍都相等,不同施工过程之间的流水节拍不一定相等的流水施工方式。异节奏流水又可分为异步距异节拍流水和等步距异节拍流水两种。

(1)异步距异节拍流水施工

①异步距异节拍流水施工的特征:

a.同一施工过程流水节拍相等,不同施工过程之间的流水节拍不一定相等;

b.各个施工过程之间的流水步距不一定相等;

c.各施工队组能够在施工段上连续作业,但有的施工段之间可能有空闲;

d.施工班组数(n_1)等于施工过程数(n)。

②流水步距的确定:

$$K_{i,i+1} = \begin{cases} t_i & (当\ t_i \leqslant t_{i+1}\ 时) \\ mt_i - (m-1)t_{i+1} & (当\ t_i > t_{i+1}\ 时) \end{cases} \qquad (2.14)$$

式中　t_i——第 i 个施工过程的流水节拍;

　　t_{i+1}——第 $i+1$ 个施工过程的流水节拍。

流水步距也可由前述"累加数列法"求得。

③流水施工工期:

$$T = \sum K_{i,i+1} + mt_n + \sum Z_{i,i+1} - \sum C_{i,i+1} \qquad (2.15)$$

式中　t_n——最后一个施工过程的流水节拍。

其他符号含义同前。

【例2.6】　某工程划分为 A、B、C、D 4 个施工过程,分 3 个施工段组织施工,各施工过程的流水节拍分别为 t_A=3 天、t_B=4 天、t_C=5 天、t_D=3 天;施工过程 B 完成后有 2 天的技术间歇时间,施工过程 D 与 C 搭接 1 天。试求各施工过程之间的流水步距及该工程的工期,并绘制流水施工进度表。

【解】　①确定流水步距。根据上述条件及式(2.14),各流水步距计算如下:

因为　$t_A < t_B$

所以　$K_{A,B} = t_A = 3$ 天;

因为　$t_B < t_C$

所以　$K_{B,C} = t_B = 4$ 天;

因为　$t_C > t_D$

所以　$K_{C,D} = mt_C - (m-1)t_D = 3×5$ 天 $-(3-1)×3$ 天 $= 9$ 天。

②计算流水工期。

$$T = \sum K_{i,i+1} + mt_n + \sum Z_{i,i+1} - \sum C_{i,i+1} = (3+4+9)\ 天 + 3×3\ 天 + 2\ 天 - 1\ 天 = 26\ 天$$

③绘制施工进度计划表,如图 2.12 所示。

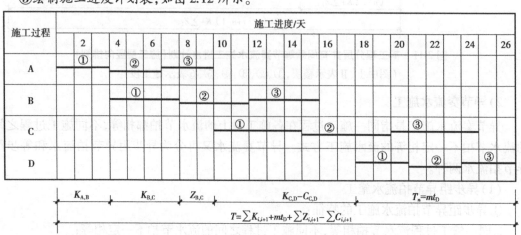

图 2.12　某工程异步距异节拍流水施工进度计划

组织异步距异节拍流水施工的基本要求是:各施工队组尽可能依次在各施工段上连续施工,允许有些施工段出现空闲,但不允许多个施工班组在同一施工段交叉作业,更不允许发生工艺顺序颠倒的现象。

异步距异节拍流水施工适用于施工段大小相等的分部和单位工程的流水施工,它在进度安排上比全等节拍流水灵活,实际应用范围较广泛。

3)等步距异节拍流水施工

等步距异节拍流水施工也称为成倍节拍流水,是指同一施工过程在各个施工段上的流水节拍相等,不同施工过程之间的流水节拍不完全相等,但各个施工过程的流水节拍之间存在整数倍(或公约数)关系的流水施工方式。为加快流水施工进度,按最大公约数的倍数组建每个施工过程的施工队组,以形成类似于等节奏流水的等步距异节奏流水施工方式。

(1)等步距异节拍流水施工的特征

①同一施工过程流水节拍相等,不同施工过程流水节拍之间存在整数倍(或公约数)关系。

②流水步距彼此相等,且等于流水节拍值的最大公约数。

③各专业施工队组都能够保证连续作业,施工段没有空闲。

④施工队组数(n_1)大于施工过程数(n),即$n_1 > n$。

(2)流水步距的确定

$$K_{i,i+1} = K_b \tag{2.16}$$

式中　K_b——成倍节拍流水步距,取流水节拍的最大公约数。

(3)每个施工过程的施工队组数确定

$$b_i = \frac{t_i}{K_b} \tag{2.17}$$

$$n_1 = \sum b_i \tag{2.18}$$

式中　b_i——某施工过程所需施工队组数;

　　　n_1——专业施工队组总数目;

　　　其他符号含义同前。

(4)施工段数目(m)的确定

①无层间关系时,可按划分施工段的基本要求确定施工段数目(m),一般取$m = n_1$。

②有层间关系时,每层最少施工段数目可按式(2.19)确定。

$$m = n_1 + \frac{\sum Z_1}{K_b} + \frac{Z_2}{K_b} \tag{2.19}$$

式中　$\sum Z_1$——一个楼层内各施工过程间的技术与组织间歇时间;

　　　Z_2——楼层间技术与组织间歇时间;

　　　其他符号含义同前。

(5)流水施工工期

无层间关系时:

$$T = (m + n_1 - 1)K_b + \sum Z_{i,i+1} - \sum C_{i,i+1} \tag{2.20}$$

或
$$T = (n_1 - 1)K_b + m^{zh}t^{zh} + \sum Z_{i,i+1} - \sum C_{i,i+1} \qquad (2.21)$$

有层间关系时：
$$T = (mr + n_1 - 1)K_b + \sum Z_1 - \sum C_1 \qquad (2.22)$$

或
$$T = (mr - 1)K_b + m^{zh}t^{zh} + \sum Z_{i,i+1} - \sum C_{i,i+1} \qquad (2.23)$$

式中　r——施工层数；

　　　m^{zh}——最后一个施工过程的最后一个专业队通过的段数；

　　　t^{zh}——最后一个施工过程的流水节拍；

　　　其他符号含义同前。

【例2.7】　某工程由 A、B、C 3 个施工过程组成,分 6 段施工,流水节拍分别为 $t_A = 6$ 天、$t_B = 4$ 天、$t_C = 2$ 天,试组织等步距异节拍流水施工,并绘制流水施工进度表。

【解】　①按式(2.16)确定流水步距,$K = K_b = 2$ 天。

②由式(2.17)确定每个施工过程的施工队组数：

$$b_A = \frac{t_A}{K_b} = \frac{6}{2} = 3 \text{ 个}$$

$$b_B = \frac{t_B}{K_b} = \frac{4}{2} = 2 \text{ 个}$$

$$b_C = \frac{t_C}{K_b} = \frac{2}{2} = 1 \text{ 个}$$

施工队总数 $n_1 = \sum b_i = 3 + 2 + 1 = 6$ 个

③计算工期：由式(2.20)得
$$T = (m + n_1 - 1)K_b = (6 + 6 - 1) \times 2 \text{ 天} = 22 \text{ 天}$$

④绘制流水施工进度表,如图 2.13 所示。

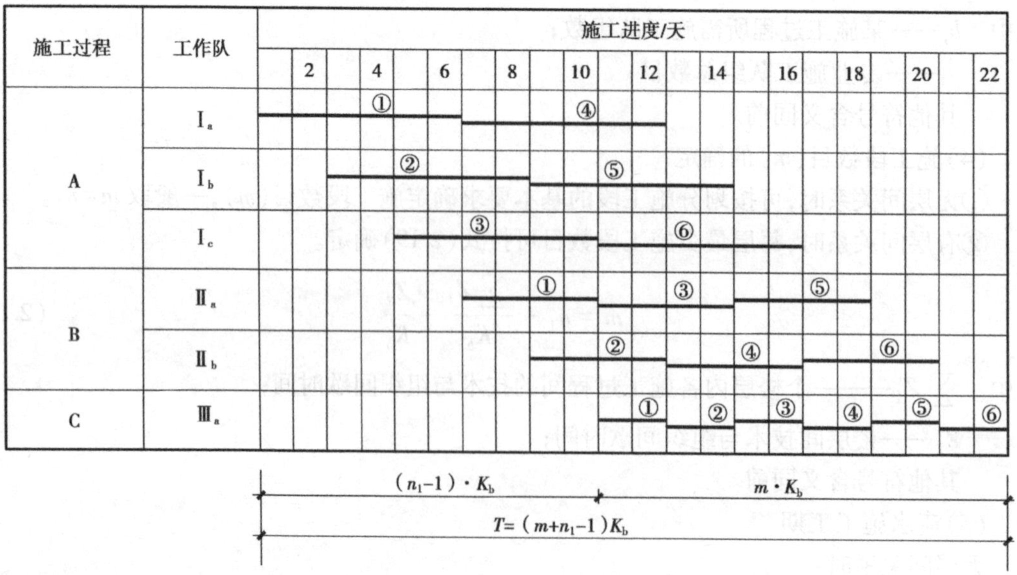

图 2.13　某工程等步距异节拍流水施工进度计划

【例2.8】 某两层现浇钢筋混凝土工程,施工过程分为安装模板、绑扎钢筋和浇筑混凝土。其流水节拍分别为:$t_{模板}=2$ 天、$t_{钢筋}=2$ 天、$t_{混凝土}=1$ 天。当安装模板工作队转移到第二层第一段施工时,需待第一层第一段的混凝土养护1天后才能进行。试组织等步距异节拍流水施工,并绘制流水施工进度表。

【解】 ①确定流水步距,$K=K_b=1$ 天。

②确定每个施工过程的施工队组数。

$$b_{模板} = \frac{t_{模板}}{K_b} = \frac{2}{1} = 2 \text{ 个}$$

$$b_{钢筋} = \frac{t_{钢筋}}{K_b} = \frac{2}{1} = 2 \text{ 个}$$

$$b_{混凝土} = \frac{t_{混凝土}}{K_b} = \frac{1}{1} = 1 \text{ 个}$$

施工队总数 $n_1 = \sum b_i = 2 + 2 + 1 = 5$ 个

③确定每层的施工段数。为保证各工作队连续施工,其施工段数可按公式(2.19)确定:

$$m = n_1 + \frac{\sum Z_1}{K_b} + \frac{Z_2}{K_b} = 5 + \frac{0}{1} + \frac{1}{1} = 6$$

④计算工期。

$$T = (mr + n_1 - 1)K_b + \sum Z_1 - \sum C_1 = (6 \times 2 + 5 - 1) \times 1 \text{ 天} + 0 - 0 = 16 \text{ 天}$$

⑤绘制流水施工进度表,如图2.14或图2.15所示。

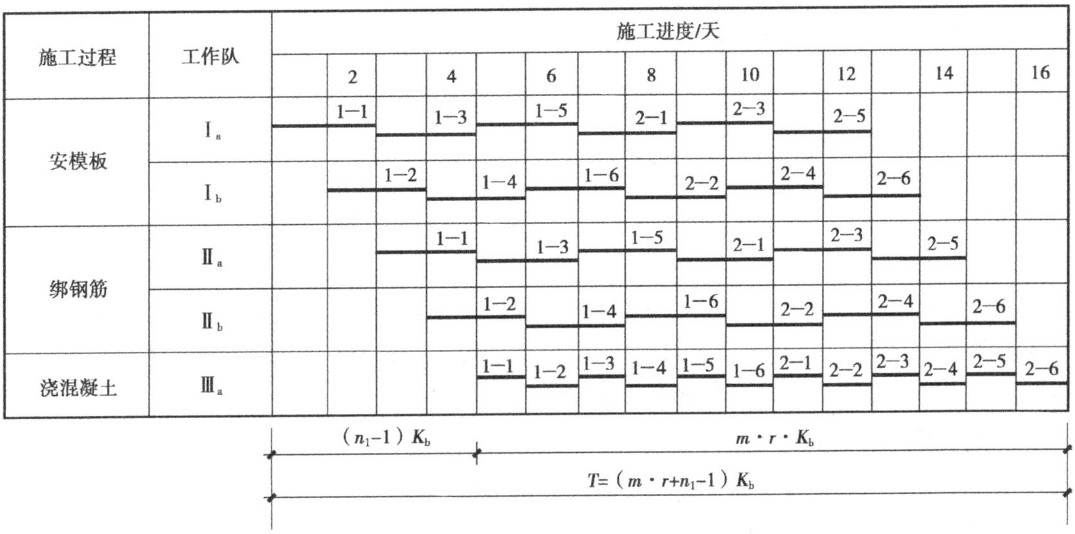

施工过程	工作队	施工进度/天							
		2	4	6	8	10	12	14	16
安模板	I_a	1—1	1—3	1—5	2—1	2—3	2—5		
	I_b		1—2	1—4	1—6	2—2	2—4	2—6	
绑钢筋	II_a		1—1	1—3	1—5	2—1	2—3	2—5	
	II_b			1—2	1—4	1—6	2—2	2—4	2—6
浇混凝土	III_a			1—1 1—2	1—3 1—4 1—5	1—6 2—1	2—2 2—3	2—4 2—5	2—6

$(n_1-1)K_b$　　　$m \cdot r \cdot K_b$

$T = (m \cdot r + n_1 - 1)K_b$

图2.14 某两层结构工程等步距异节拍流水施工进度计划(施工层横向排列)

等步距异节拍流水施工的组织方法是:根据工程对象和施工要求,划分若干个施工过程;其次根据各施工过程的内容、要求及其工程量,计算每个施工段所需的劳动量,接着根据施工队组人数及组成,确定劳动量最少的施工过程的流水节拍;最后确定其他劳动量较大的施工过程的流水节拍,用调整施工队组人数或其他技术组织措施的方法,使他们的节拍值成整数

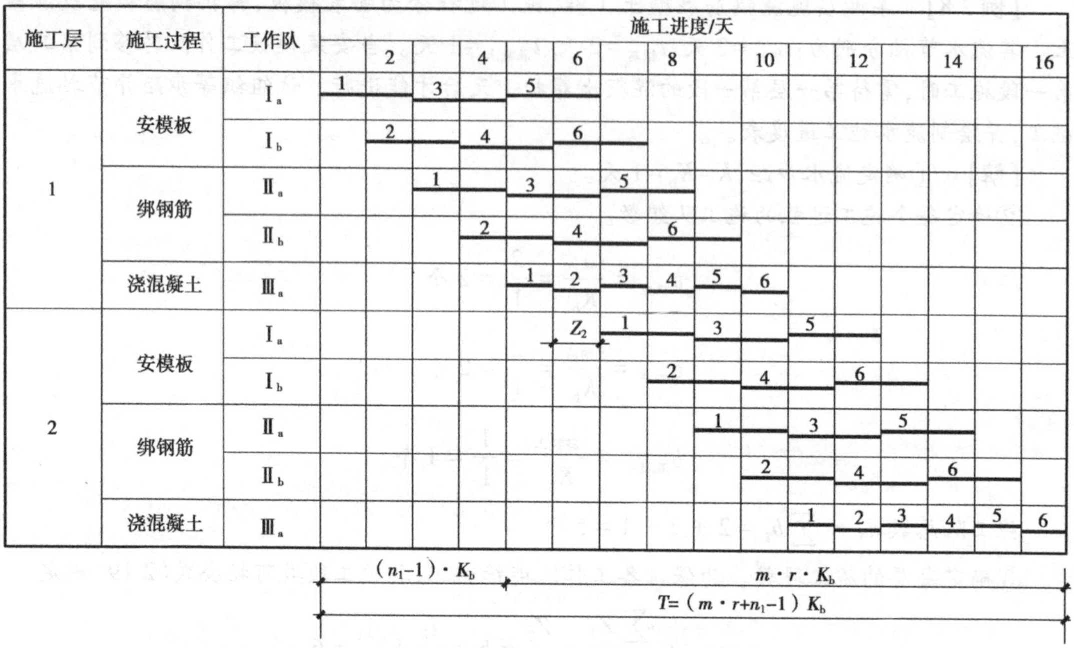

施工层	施工过程	工作队	施工进度/天								
			2	4	6	8	10	12	14	16	
1	安模板	I_a	1　　3　　5								
		I_b	2　　4　　6								
	绑钢筋	II_a	1　　3　　5								
		II_b	2　　4　　6								
	浇混凝土	III_a	1　2　3　4　5　6								
2	安模板	I_a	Z_2　1　　3　　5								
		I_b	2　　4　　6								
	绑钢筋	II_a	1　　3　　5								
		II_b	2　　4　　6								
	浇混凝土	III_a	1　2　3　4　5　6								

$(n_1-1)\cdot K_b$　　　　　　　$m\cdot r\cdot K_b$

$T=(m\cdot r+n_1-1)K_b$

图 2.15　某两层结构工程等步距异节拍流水施工进度计划(施工层竖向排列)

倍关系。

等步距异节拍流水施工方式比较适用于线形工程(如道路、管道等)的施工,也适用于房屋建筑施工。

▶ 2.3.2　无节奏流水施工

无节奏流水施工是指同一施工过程在各个施工段上流水节拍不完全相等的一种流水施工方式,也叫做分别流水。

在实际工程中,通常每个施工过程在各个施工段上的工程量彼此不等,各专业施工队组的生产效率相差较大,导致大多数的流水节拍也彼此不相等,因此有节奏流水,尤其是全等节拍和成倍节拍流水往往是难以组织的,而无节奏流水则是利用流水施工的基本概念,在保证施工工艺、满足施工顺序要求的前提下,按照一定的计算方法,确定相邻专业施工队组之间的流水步距,使其在开工时间上最大限度地、合理地搭接起来,形成每个专业施工队组都能连续作业的流水施工方式。它是流水施工的普遍形式。

1)无节奏流水施工的特点

①每个施工过程在各个施工段上的流水节拍不尽相等。

②各个施工过程之间的流水步距不完全相等且差异较大。

③各施工作业队能够在施工段上连续作业,但有的施工段之间可能有空闲时间。

④施工队组数 n_1 等于施工过程数 n。

2)流水步距的确定

流水施工的流水步距通常采用"累加数列法"确定。

3)无节奏流水施工工期

无节奏流水施工的工期可按式(2.24)确定。

$$T = \sum K_{i,i+1} + \sum t_n + \sum Z_{i,i+1} - \sum C_{i,i+1} \tag{2.24}$$

式中　$\sum K_{i,i+1}$——流水步距之和；

　　　$\sum t_n$——最后一个施工过程的流水节拍之和。

其他符号含义同前。

4)无节奏流水施工的组织

无节奏流水施工的实质是:各工作队连续作业,流水步距经计算确定,使专业工作队之间在一个施工段内不相互干扰(不超前,但可能滞后),或做到前后工作队之间的工作紧紧衔接。因此,组织无节奏流水施工的关键就是正确计算流水步距。

【例2.9】　某工程有 A、B、C、D、E 5 个施工过程,平面上划分成 4 个施工段,每个施工过程在各个施工段上的流水节拍见表2.3。规定 B 完成后有 2 天的技术间歇时间,D 完成后有 1天的组织间歇时间,A 与 B 之间有 1 天的平行搭接时间,试编制流水施工方案。

表2.3　某工程流水节拍

施工段 施工过程	①	②	③	④
A	3	2	2	4
B	1	3	5	3
C	2	1	3	5
D	4	2	3	3
E	3	4	2	1

【解】　根据题设条件,该工程只能组织无节奏流水施工。

(1)求流水节拍的累加数列

　A:3,5,7,11

　B:1,4,9,12

　C:2,3,6,11

　D:4,6,9,12

　E:3,7,9,10

(2)确定流水步距

①$K_{A,B}$。

　　3,　5,　7,　11

－　　　1,　4,　9,　12

　　3,　4,　3,　2,　-12

$K_{A,B}=4$ 天

②$K_{B,C}$。

$$
\begin{array}{cccc}
1, & 4, & 9, & 12 \\
- & 2, & 3, & 6, & 11 \\
\hline
1, & 2, & 6, & 6, & -11
\end{array}
$$

$K_{B,C} = 6$ 天

③$K_{C,D}$。

$$
\begin{array}{cccc}
2, & 3, & 6, & 11 \\
- & 4, & 6, & 9, & 12 \\
\hline
2, & -1, & 0, & 2, & -12
\end{array}
$$

$K_{C,D} = 2$ 天

④$K_{D,E}$。

$$
\begin{array}{cccc}
4, & 6, & 9, & 12 \\
- & 3, & 7, & 9, & 10 \\
\hline
4, & 3, & 2, & 3, & -10
\end{array}
$$

$K_{D,E} = 4$ 天

(3)用公式(2.24)确定流水工期

$$T = \sum K_{i,i+1} + \sum t_n + \sum Z_{i,i+1} - \sum C_{i,i+1}$$

$$= (4+6+2+4) 天 + (3+4+2+1) 天 + 2 天 + 1 天 - 1 天 = 28 天$$

(4)绘制流水施工进度表,流水施工进度表如图2.16所示。

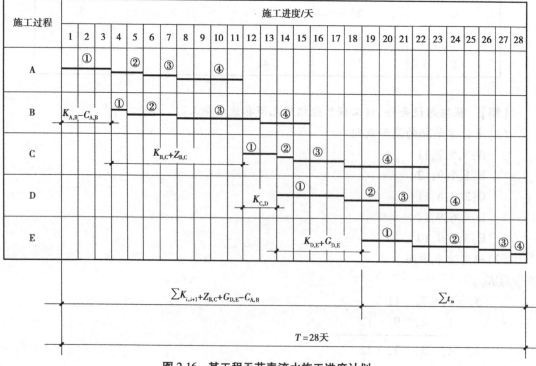

图2.16 某工程无节奏流水施工进度计划

　　组织无节奏流水施工的基本要求与异步距异节拍流水相同,即保证各施工过程的工艺顺序合理和各施工队组尽可能依次在各施工段上连续施工。

　　无节奏流水施工不像有节奏流水施工那样有一定的时间约束,在进度安排上比较灵活、自由,适用于各种不同结构性质和规模的工程施工组织,实际应用比较广泛。

　　在上述各种流水施工的基本方式中,等节拍和异节拍流水通常在一个分部或分项工程中,组织流水施工比较容易做到,即比较适用于组织专业流水或细部流水。但对一个单位工程,特别是一个大型的建筑群来说,要求所划分的各分部、分项工程都采用相同的流水参数组织流水施工往往十分困难,也不容易达到。因此,到底采取哪一种流水施工的组织形式,除了要分析流水节拍的特点外,还要考虑工期要求和项目经理部自身的具体施工条件。

　　任何一种流水施工的组织形式,仅仅是一种组织管理手段,其最终目的是要实现企业目标——工程质量好、工期短、效益高和安全施工。

2.4　流水施工的组织

▶　2.4.1　流水施工的组织程序

　　①确定施工顺序,划分施工过程。
　　②确定施工层,划分施工段。
　　③确定施工过程的流水节拍。
　　④确定流水方式及专业队伍数。
　　⑤确定流水步距。
　　⑥组织流水施工,计算工期。

▶　2.4.2　流水施工实例

　　在建筑施工中,需要组织许多施工过程的活动,在组织这些施工过程的活动中,我们把在施工工艺上互相联系的施工过程组成不同的专业组合(如基础工程、主体工程以及装饰工程等),然后对各专业组合,按其组合的施工过程的流水节拍特征(节奏性),分别组织成独立的流水组进行分别流水。这些流水组的流水参数可以是不相等的,组织流水的方式也可能有所不同。最后将这些流水组按照工艺要求和施工顺序依次搭接起来,即成为一个工程对象的工程流水或一个建筑群的流水施工。需要指出,所谓专业组合是指围绕主导施工过程的组合,其他的施工过程不必都纳入流水组,而只作为调剂项目与各流水组依次搭接。在更多情况下,考虑到工程的复杂性,在编制施工进度计划时,往往只运用流水作业的基本概念,合理选定几个主要参数,保证几个主导施工过程的连续性。对其他非主导施工过程,只力求使其在施工段上尽可能各自保持连续施工。各施工过程之间只有施工工艺和施工组织上的约束,不一定步调一致。这样,对不同专业组合或几个主导施工过程进行分别流水的组织方式就有极大的灵活性,且往往更有利于计划的实现。下面用两个较为常见的工程施工实例来阐述流水施工的应用。

【例 2.10】 4层框架结构房屋的流水施工。某 4 层学生公寓,底层为商业用房,上部为学生宿舍,建筑面积 3 277.96 m²。基础为钢筋混凝土独立基础,主体工程为全现浇框架结构。装修工程为铝合金窗、胶合板门;外墙贴面砖;内墙为中级抹灰,普通涂料刷白;底层顶棚吊顶,楼地面贴地板砖;屋面用 200 mm 厚加气混凝土块做保温层。上做 SBS 改性沥青防水层。其劳动量一览表见表 2.4。

表 2.4 某幢 4 层框架结构公寓楼劳动量一览表

序　号	分项工程名称	劳动量/工日或台班
	基础工程	
1	机械开挖基础土方	6 台班
2	混凝土垫层	30
3	绑扎基础钢筋	59
4	基础模板	73
5	基础混凝土	87
6	回填土	150
	主体工程	
7	脚手架	313
8	柱筋	135
9	柱、梁、板模板(含楼梯)	2 263
10	柱混凝土	204
11	梁、板筋(含楼梯)	801
12	梁、板混凝土(含楼梯)	939
13	拆模	398
14	砌空心砖墙(含门窗框)	1 095
	屋面工程	
15	加气混凝土保温隔热层(含找坡)	236
16	屋面找平层	52
17	屋面防水层	49

续表

序　号	分项工程名称	劳动量/工日或台班
	装饰工程	
18	顶棚墙面中级抹灰	1 648
19	外墙面砖	957
20	楼地面及楼梯地砖	929
21	顶棚龙骨吊顶	148
22	铝合金窗扇安装	68
23	胶合板门	81
24	顶棚墙面涂料	380
25	油漆	69
26	室外	
27	水、电	

由于本工程各分部的劳动量差异较大,因此先分别组织各分部工程的流水施工,然后再考虑各分部之间的相互搭接施工。具体组织方法如下:

(1)基础工程

基础工程包括基槽挖土、混凝土垫层、绑扎基础钢筋、支设基础模板、浇筑基础混凝土、回填土等施工过程。其中基础挖土采用机械开挖,考虑到工作面及土方运输的需要,将机械挖土与其他手工操作的施工过程分开考虑,不纳入流水。混凝土垫层劳动量较小,为了不影响其他施工过程的流水施工,将其安排在挖土施工过程完成之后,也不纳入流水。

基础工程平面上划分2个施工段组织流水施工($m=2$),在6个施工过程中,参与流水的施工过程有4个,即$n=4$,组织全等节拍流水施工如下:

基础绑扎钢筋劳动量为59个工日,施工班组人数为10人,采用一班制施工,其流水节拍为:

$$t_{钢筋} = \frac{59}{2 \times 10 \times 1} = 3 \text{ 天}$$

其他施工过程的流水节拍均取3天,其中基础支模板73个工日,施工班组人数为:

$$R_{木} = \frac{73}{2 \times 3 \times 1} = 12 \text{ 人}$$

浇筑混凝土劳动量为87个工日,施工班组人数为:

$$R_{混凝土} = \frac{87}{2 \times 3 \times 1} = 15 \text{ 人}$$

回填土劳动量为 150 个工日,施工班组人数为:

$$R_{回填土} = \frac{15}{2 \times 3 \times 1} = 25 人$$

流水工期计算如下:

$$T = (m + n - 1)K = (2 + 4 - 1) \times 3 天 = 15 天$$

土方机械开挖 6 个台班,用一台机械二班制施工,则作业持续时间为:

$$t_{挖土} = \frac{6}{1 \times 2} = 3 天(取 3 天)$$

混凝土垫层 30 个工日,15 人一班制施工,其作业持续时间为:

$$t_{混凝土} = \frac{30}{15 \times 1} = 2 天$$

则基础工程的工期为:

$$T_1 = 3 天 + 2 天 + 15 天 = 20 天$$

(2)主体工程

主体工程包括立柱子钢筋,安装柱、梁、板模板,浇捣柱子混凝土,梁、板、楼梯钢筋绑扎,浇捣梁、板、楼梯混凝土,搭脚手架,拆模板,砌空心砖墙等施工过程,其中后 3 个施工过程属平行穿插施工过程,只根据施工工艺要求尽量搭接施工即可,不纳入流水施工。主体工程由于有层间关系,要保证施工过程流水施工,必须使 $m = n$,否则施工班组会出现窝工现象。本工程中平面上划分为 2 个施工段,主导施工过程是柱、梁、板模板安装,要组织主体工程流水施工,就要保证主导施工过程连续作业,为此将其他次要施工过程综合为一个施工过程来考虑其流水节拍,且其流水节拍值不得大于主导施工过程的流水节拍,以保证主导施工过程的连续性。因此,主体工程参与流水的施工过程数 $n = 2$ 个,满足 $m = n$ 的要求。具体组织如下:

柱子钢筋劳动量为 135 个工日,施工班组人数为 17 人,一班制施工,则其流水节拍:

$$t_{柱筋} = \frac{135}{4 \times 2 \times 17 \times 1} = 1 天$$

主导施工过程的柱、梁、板模板劳动量为 2 263 个工日,施工班组人数为 25 人,两班制施工,则流水节拍为:

$$t_{模} = \frac{2\,263}{4 \times 2 \times 25 \times 2} = 5.65 天(取 6 天)$$

柱子混凝土,梁、板钢筋,梁、板混凝土及柱子钢筋统一按 1 个施工过程来考虑其流水节拍,其流水节拍不得大于 6 天,其中柱子混凝土劳动量为 204 个工日,施工班组人数为 14 人,两班制施工,其流水节拍为:

$$t_{柱混凝土} = \frac{204}{4 \times 2 \times 14 \times 2} = 0.9 天(取 1 天)$$

梁、板钢筋劳动量为 801 个工日,施工班组人数为 25 人,两班制施工,其流水节拍为:

$$t_{梁、板筋} = \frac{801}{4 \times 2 \times 25 \times 2} \approx 2 \text{ 天}$$

梁、板混凝土劳动量为 939 个工日,施工班组人数为 20 人,三班制施工,其流水节拍为:

$$t_{混凝土} = \frac{939}{4 \times 2 \times 20 \times 3} \approx 2 \text{ 天}$$

因此,综合施工过程的流水节拍仍为(1+2+2+1)=6 天,可与主导施工过程一起组织全等节拍流水施工。其流水工期为:

$$T = (mr + n - 1)t = (2 \times 4 + 2 - 1) \times 6 \text{ 天} = 54 \text{ 天}$$

为拆模,施工过程计划在梁、板混凝土浇捣 12 天后进行,其劳动量为 398 个工日,施工班组人数为 25 人,一班制施工,其流水节拍为:

$$t_{拆模} = \frac{398}{4 \times 2 \times 25 \times 1} \approx 2 \text{ 天}$$

砌空心砖墙(含门窗框)劳动量为 1 095 个工日,施工班组人数为 45 人,一班制施工,其流水节拍为:

$$t_{砌墙} = \frac{1\,095}{4 \times 2 \times 45 \times 1} \approx 3 \text{ 天}$$

则主体工程的工期为:

$$T_2 = 54 \text{ 天} + 12 \text{ 天} + 2 \text{ 天} + 3 \text{ 天} = 71 \text{ 天}$$

(3)屋面工程

屋面工程包括屋面保温隔热层、找平层和防水层 3 个施工过程。考虑屋面防水要求高,所以不分段施工,即采用依次施工的方式。屋面保温隔热层劳动量为 236 个工日,施工班组人数为 40 人,一班制施工,其施工持续时间为:

$$t_{保温} = \frac{236}{40 \times 1} \approx 6 \text{ 天}$$

屋面找平层劳动量为 52 个工日,18 人一班制施工,其施工持续时间为:

$$t_{找平} = \frac{52}{18 \times 1} \approx 3 \text{ 天}$$

屋面找平层完成后,安排 7 天的养护和干燥时间,方可进行屋面防水层的施工。SBS 改性沥青防水层劳动量为 47 个工日,安排 10 人一班制施工,其施工持续时间为:

$$t_{防水} = \frac{47}{10 \times 1} = 4.7 \text{ 天(取 5 天)}$$

(4)装饰工程

装饰工程包括顶棚墙面中级抹灰、外墙面砖、楼地面及楼梯地砖、一层顶棚龙骨吊顶、铝合金窗扇安装、胶合板门安装、内墙涂料、油漆等施工过程。其中一层顶棚龙骨吊顶属穿插施工过程,不参与流水作业,因此参与流水的施工过程为 $n=7$。

装修工程采用自上而下的施工起点流向。结合装修工程的特点,把每层房屋视为一个施工段,共 4 个施工段,其中抹灰工程是主导施工过程,组织有节奏流水施工如下:

顶棚墙面抹灰劳动量为 1 648 个工日,施工班组人数为 60 人,一班制施工,其流水节拍为:

$$t_{抹灰} = \frac{1\,648}{4 \times 60 \times 1} = 6.8 \text{ 天(取 7 天)}$$

外墙面砖劳动量为 957 个工日,施工班组人数为 34 人,一班制施工,其流水节拍为:

$$t_{外墙} = \frac{957}{4 \times 34 \times 1} \approx 7 \text{ 天}$$

楼地面及楼梯地砖劳动量为 929 个工日,施工班组人数为 33 人,一班制施工,其流水节拍为:

$$t_{地面} = \frac{929}{4 \times 33 \times 1} \approx 7 \text{ 天}$$

铝合金窗扇安装 68 个工日,施工班组人数为 6 人,一班制施工,其流水节拍为:

$$t_{窗} = \frac{68}{4 \times 6 \times 1} \approx 3 \text{ 天}$$

其余胶合板门、内墙涂料、油漆安排一班制施工,流水节拍均取 3 天,其中胶合板门劳动量为 81 个工日,施工班组人数为 7 人;内墙涂料劳动量为 380 个工日,施工班组人数为 32 人;油漆劳动量为 69 个工日,施工班组人数为 6 人。

顶棚龙骨吊顶属穿插施工过程,不占总工期,其劳动量为 148 个工日,施工班组人数为 15 人,一班制施工,则施工持续时间为:

$$t_{顶棚} = \frac{148}{15 \times 1} \approx 10 \text{ 天}$$

装饰分部流水施工工期计算如下:

$$K_{抹灰,外墙} = 7 \text{ 天}$$

$$K_{外墙,地面} = 7 \text{ 天}$$

$$K_{地面,窗} = 4 \times 7 \text{ 天} - (4-1) \times 3 \text{ 天} = 28 - 9 \text{ 天} = 19 \text{ 天}$$

$$K_{窗,门} = 3 \text{ 天}$$

$$K_{门,涂料} = 3 \text{ 天}$$

$$K_{涂料,油漆} = 3 \text{ 天}$$

$$T_3 = \sum K_{i,i+1} + mt_n = (7 + 17 + 19 + 3 + 3 + 3) \text{ 天} + 4 \times 3 \text{ 天} = 54 \text{ 天}$$

本工程流水施工进度计划安排如图 2.17 所示。

【例 2.11】 多层砌体结构房屋流水施工。某工程为一栋 3 单元 6 层砌体结构住宅带地下室,建筑面积 3 382.31 m²。基础为 1 m 厚换土垫层,300 mm 厚混凝土垫层上做砖砌条形基础;主体砖墙承重;大客厅楼板、厨房、卫生间、楼梯为现浇钢筋混凝土,其余楼板为预制空心楼板;层层有圈梁、构造柱。本工程室内采用一般抹灰,普通涂料刷白;楼地面为水泥砂浆地面;铝合金窗、胶合板门;外墙为水泥砂浆抹灰,刷外墙涂料;屋面保温材料选用保温蛭石板,防水层选用 4 mm 厚 SBS 改性沥青防水卷材。其劳动量见表 2.5。

施工进度

序号	分部分项工程名称	劳动量（工日）	每班每天工人数	每天工作班数	工作持续天数	施工进度
	基础工程					
1	机械开挖土方	6台班	10	2	3	
2	混凝土垫层	30	15	1	2	
3	绑扎基础钢筋	59	10	1	6	
4	基础模板	73	12	1	6	
5	基础混凝土	87	15	1	6	
6	回填土	150	25	1	6	
	主体工程					
7	脚手架	313	6			
8	柱筋	135	17	1	8	
9	柱、梁、板模板	2 263	25	2	48	
10	柱混凝土	204	14	2	8	
11	梁、板底筋(含楼梯)	801	25	2	16	
12	梁、板现浇混凝土(含楼梯)	939	20	3	16	
13	拆模	398	25	1	16	
14	砌墙(含门窗框)	1 095	45	1	24	
	屋面工程					
15	屋面找坡保温层	236	40	1	6	
16	屋面找平层	52	18	1	3	
17	屋面防水层	47	10	1	5	
	装饰工程					
18	外墙面砖	957	34	1	28	
19	顶棚墙面中级抹灰	1 648	60	1	28	
20	楼地面及楼梯地砖	929	33	1	28	
21	一层顶铝龙骨吊顶	148	15	1	10	
22	铝合金窗安装	68	6	1	12	
23	胶合板门	81	7	1	12	
24	顶棚墙面涂料	380	30	1	12	
25	油漆	69	6	1	12	
26	室外工程					
27	水、暖、电					

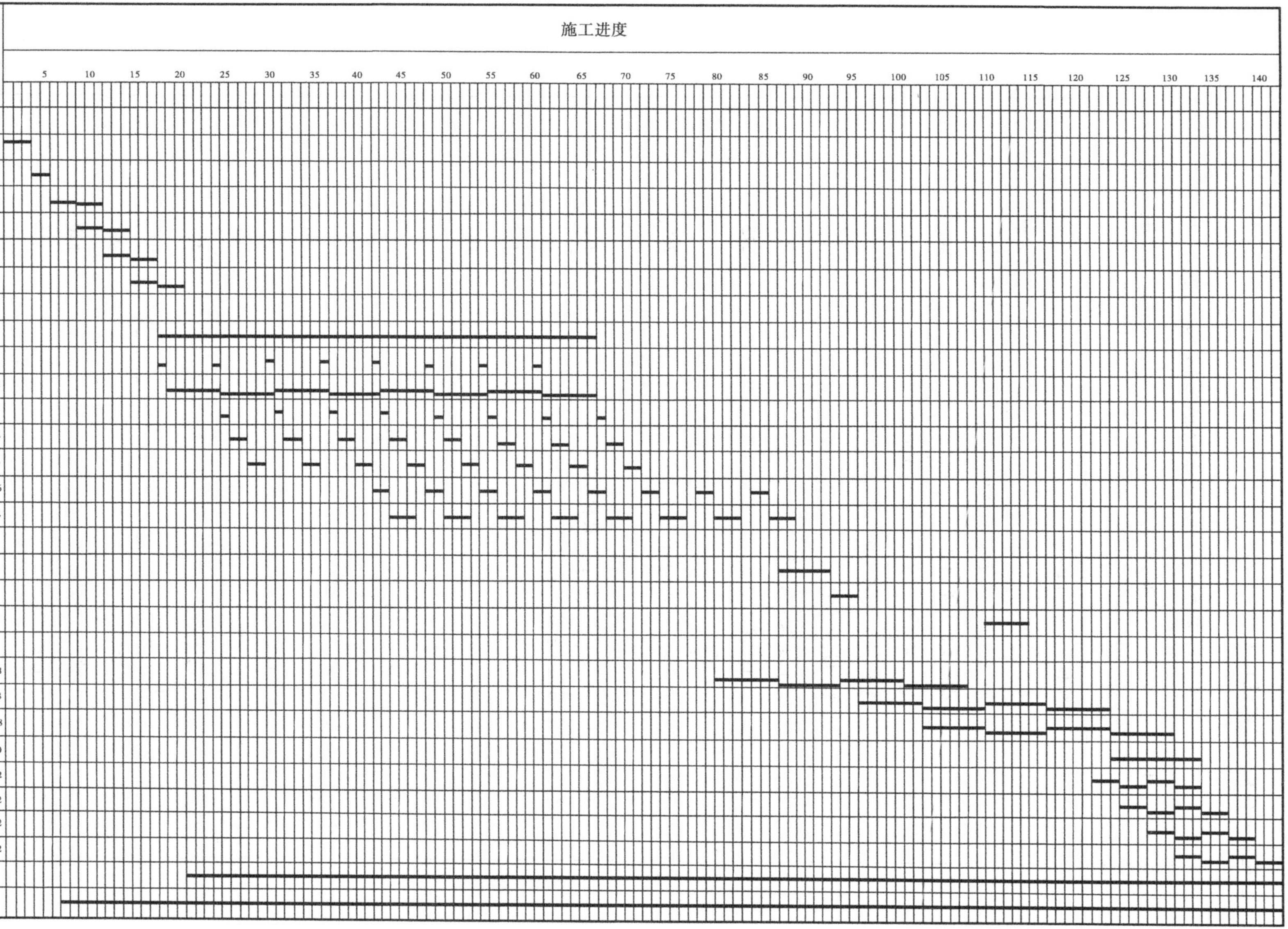

施工进度刻度：5　10　15　20　25　30　35　40　45　50　55　60　65　70　75　80　85　90　95　100　105　110　115　120　125　130　135　140

图2.17　某4层框架学生公寓流水施工进度表

表2.5 某幢6层3单元砌体结构房屋劳动量一览表

序　号	分项工程名称	劳动量/工日或台班
	基础工程	
1	机械开挖基础土方	6台班
2	素土机械压实1 m	3台班
3	300 mm厚混凝土垫层(含构造柱筋)	88
4	砌砖基础及基础墙	407
5	基础现浇圈梁、构造柱及楼、板模板	51
6	基础圈梁、楼板钢筋	64
7	梁、板、柱混凝土	74
8	预制楼板安装灌缝	20
9	人工回填土	242
	主体工程	
10	脚手架(含安全网)	265
11	砌砖墙	1 560
12	圈梁、楼板、构造柱、楼梯模板	310
13	圈梁、楼板、楼梯钢筋	386
14	梁、板、柱、楼梯混凝土	450
15	预制楼板安装灌缝	118
	屋面工程	
16	屋面保温隔热层	150
17	屋面找平层	33
18	屋面防水层	39
	装饰工程	
19	门窗框安装	24
20	外墙抹灰	401
21	顶棚抹灰	427
22	内墙抹灰	891
23	楼地面及楼梯抹灰	520
24	门窗扇安装	319
25	油漆涂料	378
26	散水勒脚台阶及其他	56
27	水、暖、电	

对于砌体结构多层房屋的流水施工,一般先考虑分部工程的流水,然后再考虑各分部工程之间的相互搭接施工。具体组织方法如下:

(1)基础工程

基础工程包括机械挖土方,1 m厚换土压实,浇筑混凝土垫层,砌砖基础及基础墙,现浇地圈梁、构造柱、梁、板,预制楼板安装灌缝,回填土等施工过程。其中机械挖土及素土压实垫层主要采用机械施工,考虑到工作面等要求,安排其依次施工,不纳入流水。其余施工过程在平面上划分成2个施工段,组织有节奏流水施工。

机械挖土方为6个台班,一台机械两班制施工,其施工持续时间为:

$$t_{挖土} = \frac{6}{1 \times 2} = 3 \text{ 天}$$

施工班组人数安排12人。

素土机械压实为3个台班,一台机械一班制施工,其施工持续时间为:

$$t_{压土} = \frac{3}{1 \times 1} = 3 \text{ 天}$$

施工班组人数安排12人。

300 mm厚混凝土垫层(含构造柱钢筋)劳动量为88个工日,施工班组人数为22人,一班制施工,其流水节拍为:

$$t_{垫} = \frac{88}{2 \times 22 \times 1} = 2 \text{ 天}$$

砌砖基础及基础墙劳动量为407个工日,施工班组人数为34人,一班制施工,其流水节拍为:

$$t_{砖基} = \frac{407}{2 \times 34 \times 1} \approx 6 \text{ 天}$$

基础梁、板、柱的钢筋、模板、混凝土合并为一个施工过程,其劳动量为189个工日,施工班组人数为30人,一班制施工,其流水节拍为:

$$t_{现浇梁、板、柱} = \frac{189}{2 \times 30} \approx 3 \text{ 天}$$

地下室预制楼板安装灌缝劳动量为20个工日,施工班组人数为10人,其流水节拍为:

$$t_{安装} = \frac{20}{2 \times 10} = 1 \text{ 天}$$

人工回填土劳动量为242个工日,施工班组人数为30人,一班制施工,其流水节拍为:

$$t_{回填} = \frac{242}{2 \times 30 \times 1} \approx 4 \text{ 天}$$

基础工程流水施工中,砌砖基础是主导施工过程,只要保证其连续施工即可,其余3个施工过程安排间断施工,及早为主体工程提供工作面,以便利于缩短工期。

具体安排进度计划表如图2.18所示。

施工进度

序号	分部分项工程名称	劳动量(工日)	每班工人数	每天工作班数	工作持续天数
	基础工程				
1	机械开挖土方	6台班	12	2	3
2	素土机械压实	3台班	12	1	3
3	混凝土垫层	88	22	1	4
4	砌砖基础	407	34	1	12
5	基础现浇梁、板、柱	189	30	1	6
6	预制楼板安装灌缝	20	10	1	2
7	人工回填土	242	30	1	8
	主体工程				
8	脚手架	265	6		48
9	砌砖墙	1 560	32	1	48
10	现浇梁、板、柱 模板	310	26	1	12
	钢筋	386	32	1	12
	混凝土	450	15	3	12
11	预制楼板安装灌缝	118	10	1	12
	屋面工程				
12	屋面找坡保温层	150	30	1	5
13	屋面找平层	34	17	1	2
14	屋面防水层	39	10	1	4
	装饰工程				
15	门窗概安装	24	4	1	6
16	外墙抹灰	431	18	1	24
17	顶棚抹灰	457	19	1	24
18	内墙抹灰	921	38	1	24
19	楼地面及楼梯抹灰	544	23	1	24
20	铝合金窗及木门	319	13	1	24
20	涂料油漆	378	16	1	24
21	散水、勒角、台阶及其他	56	8	1	7
22	水、暖、电				

施工进度坐标:5 10 15 20 25 30 35 40 45 50 55 60 65 70 75 80 85 90 95 100 105 110 115 120 125 130 135 140

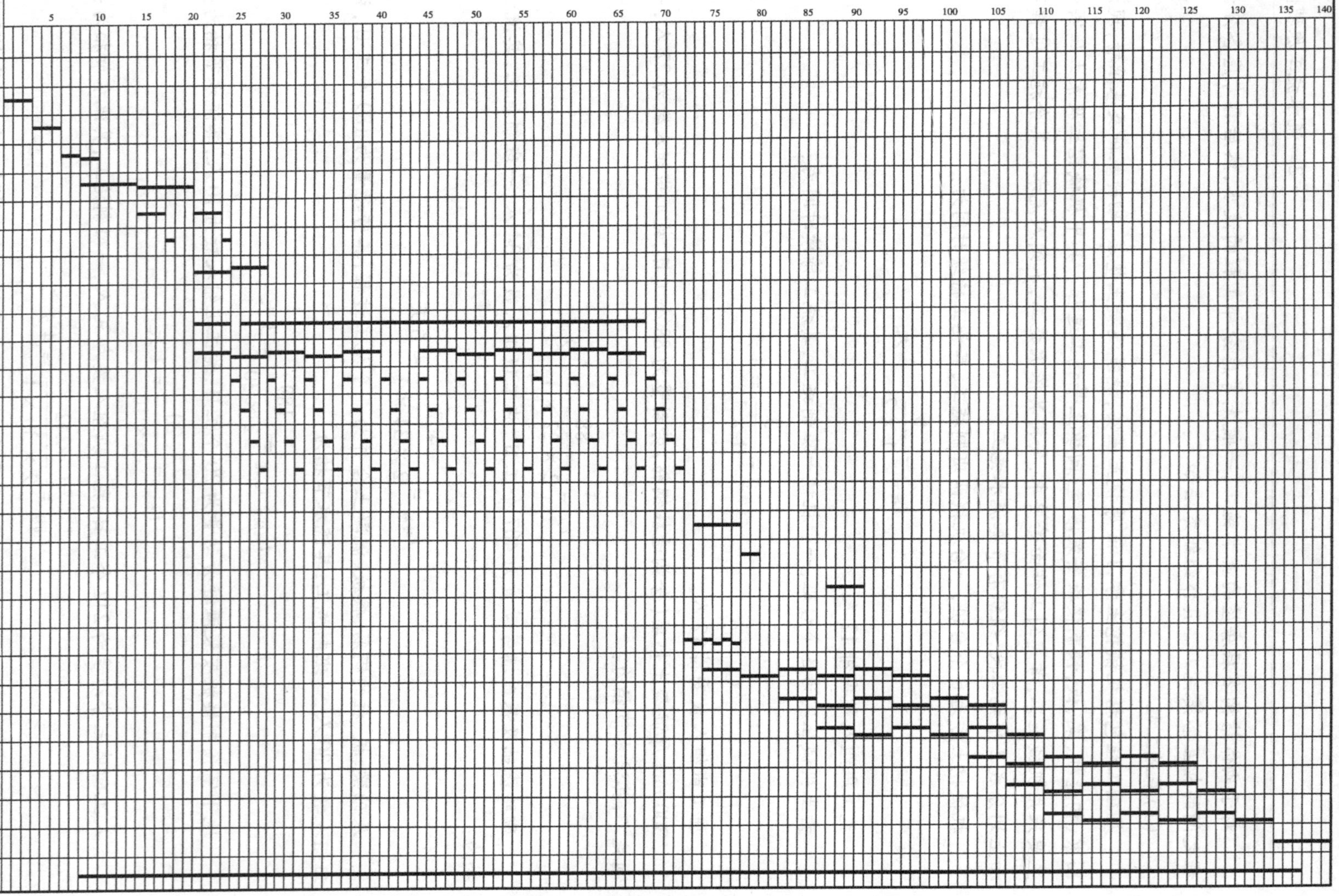

图2.18 某6层砌体结构住宅楼流水施工进度表

（2）主体工程

主体工程包括砌筑砖墙,现浇钢筋混凝土圈梁、构造柱、楼板、楼梯的支模、绑扎钢筋、浇筑混凝土,预制楼板安装灌缝等施工过程。平面上划分为2个施工段组织流水施工,为了保证主导施工过程砌砖墙能连续施工,将现浇梁、板、柱及预制楼板安装灌缝合并为1个施工过程,考虑其流水节拍,且合并后的流水节拍值不大于主导施工过程的流水节拍值,具体组织安排如下:

砌砖墙劳动量为1 560个工日,施工班组人数为32人,一班制施工,其流水节拍为:

$$t_{砖墙} = \frac{1\ 560}{6 \times 2 \times 32 \times 1} \approx 4\ 天$$

现浇梁、板、柱及安板灌缝在一个施工段上的持续时间之和为4天。其中,支模板劳动量为310个工日,一班制施工,流水节拍为1天,施工班组人数为:

$$R_{木} = \frac{310}{6 \times 2 \times 1 \times 1} \approx 26\ 人$$

绑扎钢筋劳动量为386个工日,一班制施工,流水节拍为1天,施工班组人数为:

$$R_{筋} = \frac{386}{6 \times 2 \times 1 \times 1} \approx 32\ 人$$

混凝土浇筑劳动量为450个工日,三班制施工,流水节拍为1天,施工班组人数为:

$$R_{混凝土} = \frac{450}{6 \times 2 \times 3 \times 1} \approx 13\ 人$$

预制楼板安装灌缝劳动量为118个工日,施工班组人数为10人,一班制施工,其流水节拍为:

$$t_{安装} = 1\ 天$$

（3）屋面工程

屋面工程包括屋面找坡保温隔热层、找平层、防水层等施工过程。考虑到屋面防水要求高,所以不分段,采用依次施工的方式。其中屋面找平层完成后需要有一段养护和干燥的时间,方可进行防水层施工。

（4）装修工程

装修工程包括门窗框安装、内外墙及顶棚抹灰、楼地面及楼梯抹灰、铝合金窗扇及木门安装、油漆涂料、散水、勒脚、台阶等施工过程。每层划分为1个施工段($m=6$),采用自上而下的顺序施工,考虑到屋面防水层完成与否对顶层顶棚内墙抹灰的影响,顶棚内墙抹灰采用5层→4层→3层→2层→1层→6层的起点流向。考虑装修工程内部各施工过程之间劳动力的调配,安排适当的组织间歇时间组织流水施工。

流水节拍等参数确定方法同例2.9,本工程流水施工进度计划如图2.18所示。

思考题

1.组织施工有哪几种方式？各自有哪些特点？

2.组织流水施工的要点和条件有哪些？

3.流水施工中,主要参数有哪些? 试分别叙述它们的含义。

4.施工段划分的基本要求是什么? 如何正确划分施工段?

5.流水施工的时间参数如何确定?

6.流水节拍的确定应考虑哪些因素?

7.流水施工的基本方式有哪几种,各有什么特点?

8.如何组织全等节拍流水? 如何组织成倍节拍流水?

9.什么是无节奏流水施工? 如何确定其流水步距?

习 题

1.某工程有 A、B、C 3 个施工过程,每个施工过程均划分为 4 个施工段,设 t_A = 2 天, t_B = 4 天, t_C = 3 天。试分别计算依次施工、平行施工及流水施工的工期,并绘出各自的施工进度计划。

2.已知某工程任务划分为 A、B、C、D、E 5 个施工过程,分 5 段组织流水施工,流水节拍均为 3 天,在 B 施工过程结束后有 2 天的技术与组织间歇时间,试计算其工期并绘制进度计划。

3.某工程项目由 Ⅰ、Ⅱ、Ⅲ 3 个分项工程组成,它划分为 6 个施工段。各分项工程在各个施工段上的持续时间依次为:6 天、2 天和 4 天,试编制成倍节拍流水施工方案。

4.某地下工程由挖基槽、做垫层、砌基础和回填土 4 个分项工程组成,它在平面上划分为 6 个施工段。各分项工程在各个施工段上的流水节拍依次为:挖基槽 6 天,做垫层 2 天,砌基础 4 天,回填土 2 天。做垫层完成后,其相应施工段至少应有技术间歇时间 2 天。为了加快流水施工速度,试编制工期最短的流水施工方案。

5.某施工项目由 Ⅰ、Ⅱ、Ⅲ、Ⅳ 4 个施工过程组成,它在平面上划分为 6 个施工段。各施工过程在各个施工段上的持续时间依次为:6 天、4 天、6 天和 2 天,施工过程完成后,其相应施工段至少应有组织间歇时间 1 天。试编制工期最短的流水施工方案。

6.某现浇钢筋混凝土工程由支模板、绑钢筋、浇筑混凝土、拆模板和回填土 5 个分项工程组成,它在平面上划分为 6 个施工段。各分项工程在各个施工段上的施工持续时间,见表2.6。在混凝土浇筑后至拆模板必须有 2 天养护时间。试编制该工程流水施工方案。

表 2.6 某现浇钢筋混凝土工程施工持续时间表

分项工程名称	持续时间/天					
	①	②	③	④	⑤	⑥
支模板	2	3	2	3	2	3
绑钢筋	3	3	4	4	3	3
浇筑混凝土	2	1	2	2	1	2
拆模板	1	2	1	1	2	1
回填土	2	3	2	2	3	2

7.某施工项目由 Ⅰ、Ⅱ、Ⅲ、Ⅳ 4 个分项工程组成,它在平面上划分为 6 个施工段。各分项

工程在各个施工段上的持续时间,见表 2.7。分项工程 Ⅱ 完成后。其相应施工段至少有技术间歇时间 2 天;分项工程 Ⅲ 完成后,它的相应施工段至少应有组织间歇时间 1 天。试编制该工程流水施工方案。

表 2.7　某施工项目施工持续时间表

分项工程名称	持续时间/天					
	①	②	③	④	⑤	⑥
Ⅰ	3	2	3	3	2	3
Ⅱ	2	3	4	4	3	2
Ⅲ	4	2	3	2	4	2
Ⅳ	3	3	2	3	2	4

8.某项目经理部拟承建一工程,该工程包括 Ⅰ 、Ⅱ 、Ⅲ 、Ⅳ 、Ⅴ 5 个施工过程。施工时在平面上划分为 4 个施工段,每个施工过程在各个施工段上的流水节拍见表 2.8。规定施工过程 Ⅱ 完成后。其相应施工段至少要养护 2 天;施工过程 Ⅳ 完成后,其相应施工段要留有 1 天的准备时间,为了尽早完成,允许施工过程 Ⅰ 与 Ⅱ 之间搭接施工 1 天。试编制该工程流水施工方案。

表 2.8　某工程施工过程流水节拍参数表

流水节拍/天		施工过程				
		Ⅰ	Ⅱ	Ⅲ	Ⅳ	Ⅴ
施工段	①	3	1	2	4	3
	②	2	3	1	2	4
	③	2	5	3	3	2
	④	4	3	5	3	1

3

工程网络计划技术

【本章导读】本章主要介绍网络计划技术的基本原理。通过本章学习,要求熟悉网络计划技术的基本原理与应用;掌握双代号网络计划和单代号网络计划的绘制、时间参数的计算以及关键线路的确定;掌握双代号时标网络计划的绘制方法与步骤,会正确地绘制时标网络计划,为今后在项目管理中的进度控制夯实基础;熟悉网络计划的几种优化方法。

3.1 概 述

▶ 3.1.1 网络计划技术的产生与应用

网络计划技术是 20 世纪 50 年代后期以来,随着计算机在大型工程项目计划管理中的应用而开发出的一种新的计划管理技术。网络计划技术亦称网络计划法,1965 年我国华罗庚教授将网络计划法引入,由于其具有统筹兼顾、合理安排的思想,所以又称为统筹法。它是关键线路法(CPM)、计划评审技术(PERT)和其他以网络图形式表达的各类计划管理新方法的总称。这种网络图能全面的反映整个工作的流程,计划内各项具体工作之间的相互关系和进度;通过计算时间参数,可以找出关键的线路与可利用的机动时间,以便于对计划进行优化;同时,可利用计划反馈的各种信息,对计划过程进行管理和控制,取得可能达到的最好效果。因此,它是生产管理中一种有效的科学管理方法。

在华罗庚教授的倡导下,网络计划技术在各行业,尤其是建筑业得到广泛推广和应用。20 世纪 80 年代初,全国各地建筑业相继成立了研究和推广工程网络计划技术的组织机构。我国先后于 1991 年、1992 年颁布了《工程网络计划技术规程》(JGJ 1001—91)和中华人民共和国国家标准《网络计划技术》(GB/T 13400.1~3—92),1999 年又对《工程网络计划技术规程》进行了修订(编号改为 JGJ/T 121—99)。该规程和标准的颁发与实施,使我国进入工程网络计划技术研究与应用领域的世界先进行列。

▶ **3.1.2 横道图与网络图的比较**

19 世纪中叶,美国亨利·甘特(Gantt)发明了用横道图(又称甘特图)的形式编排进度计划的方法。其特点简单、明晰、形象、易懂,容易学习,使用方便,这也正是它至今还在世界各国广泛流行的原因。但它不能全面地反映出整个施工活动中各工序之间的联系和相互依赖与制约的关系;不能反映出整个计划任务中关键所在,分不清主次,使人们抓不住工作的重点,看不到计划中的潜力,不知道怎样正确地缩短工期,如何降低成本;不适宜采用计算机手段等。尤其对于规模庞大、工作关系复杂的工程项目,横道图计划法很难"尽如人意"。

网络计划技术与横道图计划法相比较,具有逻辑严密、突出关键、便于优化和动态管理的特点,正好克服了横道图的缺点。用网络计划法表示出来的是一种呈网状图形的计划,它从工程的整体出发,统筹安排,明确表现了施工过程中所有各工序之间的逻辑关系和彼此之间的联系,把计划变成了一个有机的整体;同时突出了管理工作应抓住的关键工序,显示了各工序的机动时间,从而使掌握计划的管理人员做到胸有全局,也知道从哪里下手去缩短工期,怎样更好地使用人力和设备等资源,经常处于主动地位,使工程获得好快省、安全的效果。

▶ **3.1.3 网络计划技术的基本原理**

在建筑工程施工中,网络计划技术主要是用来编制工程项目施工的进度计划和建筑施工企业的生产计划,并通过对计划的优化、调整和控制,达到缩短工期、提高效率、节约劳力、降低消耗的项目施工目标。

网络计划技术的基本原理是:首先应用网络图形来表达一项计划(或工程)中各项工作的开展顺序及其相互间的关系,然后通过时间参数计算找出计划中的关键工作及关键线路,继而通过不断改进网络计划,寻求最优方案,并付诸实施,最后在执行过程中进行有效的控制和监督。

网络计划技术的表达形式是网络图,所谓网络图是指由箭线、节点、线路组成,用来表示工作流程的有向、有序的网状图形。根据图中箭线和节点所代表的含义不同,可分为双代号网络图和单代号网络图两大类。用网络图表达任务构成、工作顺序并加注工作时间参数的进度计划称为网络计划。网络计划的种类很多,按表达方式的不同,划分为双代号网络计划(见图 3.1)和单代号网络计划(见图 3.2);按网络计划终点节点个数的不同,划分为单目标网络计划和多目标网络计划;按参数类型的不同,划分为肯定型网络计划和非肯定型网络计划;按工序之间衔接关系的不同,划分为一般网络计划和搭接网络计划;按计划时间的表达不同,分为时标网络计划(见图 3.3)和非时标网络计划;按计划的工程对象不同和使用范围大小,可分为局部网络计划、单位工程网络计划和综合网络计划。

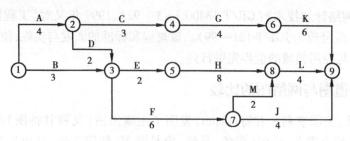

图 3.1　双代号网络计划

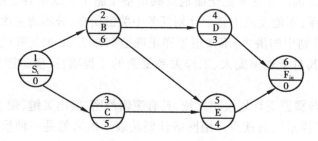

图 3.2　单代号网络计划

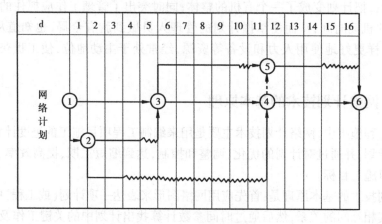

图 3.3　双代号时标网络计划

3.2　双代号网络计划

以箭线(工作)及其两端节点的编号表示工作的网络图称为双代号网络图。在双代号网络图中,箭线代表工作(工序、活动或施工过程),通常将工作名称写在箭线的上边(或左侧),将工作的持续时间写在箭线的下边(或右侧),在箭线前后的衔接处画上用圆圈表示的节点并编上号码,并以节点编号 i 和 j 来代表一项工作名称,如图 3.4 所示。用这种方法将计划中的全部工作根据它们的先后顺序和相互关系从左到右绘制而成的网状图形,表示的计划叫做双代号网络计划(见图 3.1)。

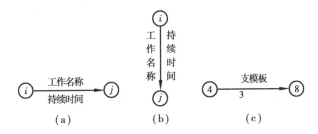

图 3.4 双代号网络图中工作的表示方法

▶ 3.2.1 双代号网络图的组成

双代号网络图是由箭线(工作)、节点(事件)和线路三要素组成。其含义和特性如下：

1)箭线(工作)

双代号网络图中,用箭线表示一项工作,从箭尾到箭头表示这一工作的过程,其长度一般不按比例绘制,它的长度及方向原则上可以是任意的。箭线表达的内容有以下几个方面：

①一根箭线表示一项工作或一个施工过程。根据网络计划的性质和作用不同,工作既可以是一个简单的施工过程,如挖土方、垫层等分项工程,或者基础工程、主体结构工程等分部工程;也可以是一项复杂的工程任务,如教学楼、宿舍中的建筑工程等单位工程,或者教学楼工程、宿舍楼工程等单项工程。如何确定一项工作的范围取决于所绘制的网络计划的作用。

②一根箭线表示一项工作所消耗的时间和资源(人力、物力)。工作通常可以分为两种：一是需要时间和资源(如开挖土方、浇筑混凝土)或只消耗时间而不消耗资源(如混凝土的养护、抹灰层干燥等,由于技术组织间歇所引起的"等待"时间)的工作,称为实工作;二是既不消耗时间也不消耗资源的工作,这意味着这项工作实际上并不存在,只是为了正确地表达工作之间的逻辑关系而引入的,称为虚工作,用实箭线下边标出持续时间为 0 或虚箭线表示。在双号网络图中,虚工作的作用是既可以将应该连接的工作连接起来,又能够将不应该连接的工作断开。如表 3.1 中序号 5 双代号网络图逻辑关系表达中的虚工作,既连接了工作 A 和工作 D,又断开了工作 B 和工作 C。

③在无时间坐标的网络图中,箭线的长度不代表时间的长短,画图时原则上是任意的,但必须满足网络图的绘制规则。在有时间坐标的网络图中,其箭线的长度必须根据完成该项工作所需时间长短按比例绘制。

④箭线方向表示进行的方向和前进的路线,箭尾表示工作的开始,箭头表示工作的结束。

⑤箭线可以画成直线、折线和斜线。必要时,箭线也可以画成曲线,但应以水平、垂直直线为主。

2)节点(事件)

双代号网络图中箭线端部的圆圈或其他形状的封闭图形就是节点(事件)。它表示工作之间的逻辑关系,节点表达的内容有以下几个方面：

①节点表示前面工作结束和后面工作开始的瞬间,所以节点不需要消耗时间和资源。

②箭线的箭尾节点表示该工作的开始,箭线的箭头节点表示该工作的结束。

③根据节点在网络图中的位置不同,可以分为起点节点、终点节点和中间节点 3 种。起点节点意味着一项工程或任务的开始;终点节点意味着一项工程或任务的完成;网络图中的

其他节点称为中间节点,中间节点既是前项工作的箭头节点(结束节点),也是后项工作的箭尾节点(开始节点),如图 3.5 所示。

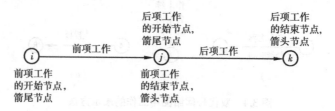

图 3.5 节点示意图

④在网络图中,对一个节点来讲,可能有许多箭线通向该节点,这些箭线就称"内向箭线";同样也可能有许多箭线由同一节点发出,这些箭线就称为"外向箭线"。

⑤网络图中的每个节点都有自己的编号,以便赋予每项工作以代号,便于计算网络图的时间参数和检查网络图是否正确。节点编号原则上来说,只要不重复、不漏编,每根箭线的箭头节点编号大于箭尾节点的编号即可,即 $i<j$。但一般的编号方法是,网络图的第一个节点编号为 1,其他节点编号按自然数从小到大依次连续水平或垂直编排,最后一个节点的编号就是网络图节点的个数。有时也采取不连续编号的方法以留出备用节点号。

3)线路

网络图中从起点节点开始,沿箭头方向顺序通过一系列箭线与节点,最后到达终点节点的通路称为线路。一个网络图中从起点节点到终点节点,一般都存在许多条线路,如图 3.6 中有 4 条线路,每条线路都包含若干项工作,这些工作的持续时间之和就是该线路的时间长度,即线路上总的工作持续时间。其中,线路上总的工作持续时间最长的线路称为关键线路(临界线路、主要矛盾线)。位于关键线路上的工作称为关键工作。关键工作完成的快慢直接影响整个计划工期的实现。关键工作在网络图上通常用黑粗箭线、双箭线或彩色箭线表示。图 3.6 中线路①→②→④→⑤→⑥→⑦总的工作持续时间最长,即为关键线路,其余线路称为非关键线路。

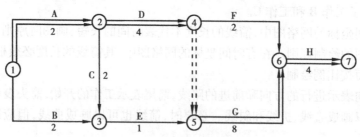

图 3.6 双代号网络计划

有时在一个网络图上也可能出现几条关键线路,即这几条关键线路总的持续时间相等。关键线路并不是一成不变的,在一定条件下,关键线路和非关键线路可以互相转化。例如,当采取技术组织措施,缩短关键工作的持续时间,或者非关键工作持续时间延长时,就有可能使关键线路发生改变。

非关键线路上的工作,都有若干机动时间(即时差),它意味着工作完成日期容许适当挪动而不影响计划的工期。时差的意义就在于可以使非关键工作在时差允许范围内放慢施工进度,将部分人、财、物转移到关键工作上去,以加快关键工作的进程;或者在时差允许范围内改变开始和结束时间,以达到均衡施工的目的。

网络计划中,关键工作的比重往往不宜过大,网络计划愈复杂,工作和节点就愈多,关键工作所占比重愈小,这样有利于集中精力抓住主要矛盾,保证顺利完成任务。

▶ 3.2.2 双代号网络计划的绘制

1)双代号网络图的绘制规则

①正确表达各项工作之间的逻辑关系。在绘制网络图时,首先要清楚各项工作之间的逻辑关系,用网络形式正确表达出某一项工作必须在哪些工作完成后才能进行,这项工作完成后可以进行哪些工作,哪些工作应与该工作同时进行。绘出的图形必须保证任何一项工作的紧前工作、紧后工作不多不少。表3.1为网络图中常见的逻辑关系表达方法,其中第(3)栏为双代号网络图表达方法,第(4)栏为单代号网络图表示方法。

表 3.1　网络图中常见的逻辑关系表达方法

序　号	逻辑关系	双代号表达方法	单代号表达方法
(1)	(2)	(3)	(4)
1	A 完成后进行 B,B 完成后进行 C	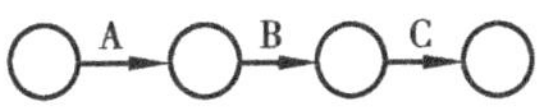	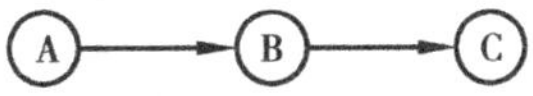
2	A 完成后同时进行 B 和 C	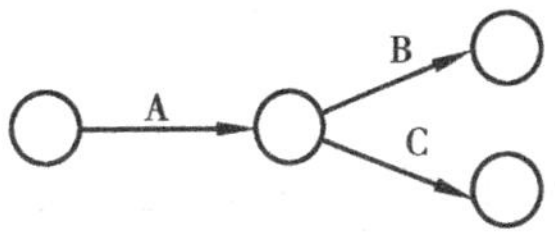	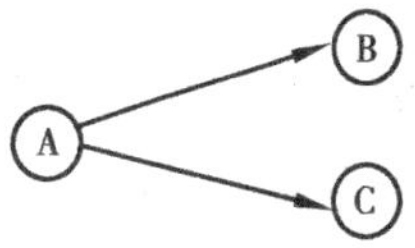
3	A 和 B 都完成后进行 C	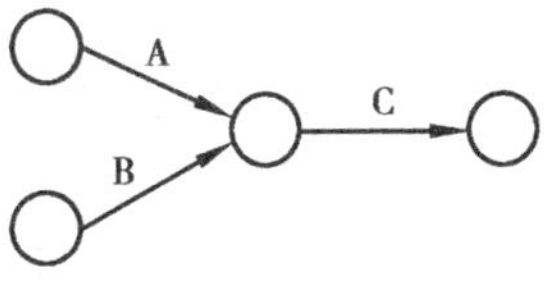	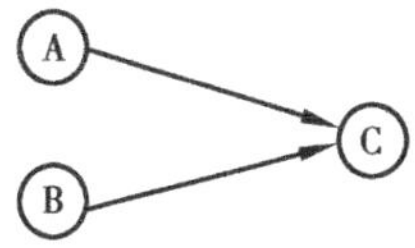
4	A 和 B 都完成后同时进行 C 和 D	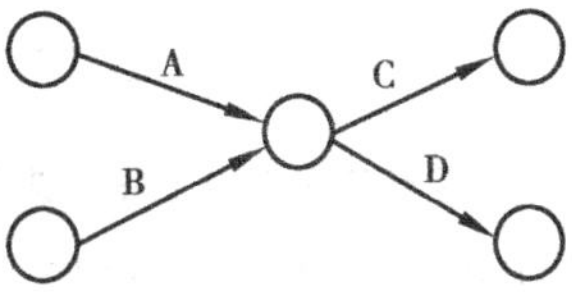	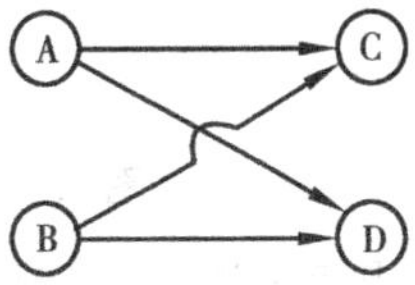
5	A 完成后进行 C,A 和 B 完成后进行 D	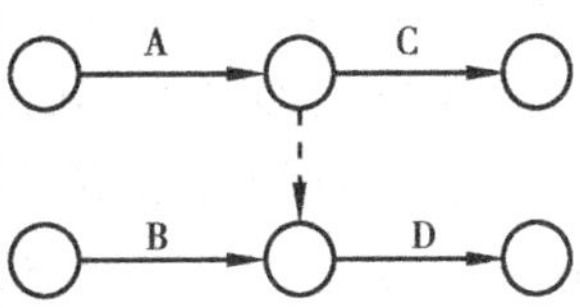	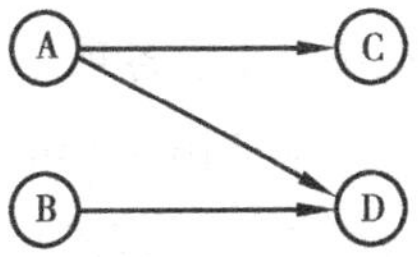

续表

序 号 （1）	逻辑关系 （2）	双代号表达方法 （3）	单代号表达方法 （4）
6	H 的紧前工作为 A 和 B，M 的紧前工作为 B 和 C		
7	M 的紧后工作为 A、B 和 C；N 的紧后工作为 B、C 和 D		

　　为了说明虚工作的作用，现举一个例子：设某项钢筋混凝土工程包括支模板、绑扎钢筋和浇筑混凝土 3 项施工过程，根据施工方案决定采取分 3 个施工段流水作业，试绘制其双代号网络进度计划。

　　首先考虑在每一个施工段上，支模板、绑扎钢筋和浇筑混凝土都应按工艺关系依次作业，逻辑关系表达如图 3.7 所示。

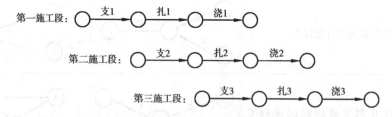

图 3.7　某钢筋混凝土工程各施工段工艺逻辑关系的双代号网络表达

　　再考虑通过增加竖向虚工作的方法，将支模板、绑扎钢筋、浇筑混凝土这 3 项施工过程在不同施工段上的组织关系连接起来，图 3.7 将变成图 3.8 所示的双代号网络图。

　　在图 3.8 中各项工作的工艺关系、组织关系都已连接起来。但是由于绑扎钢筋 1 与绑扎钢筋 2 之间的虚工作的出现，使得支模板 3 也变成了绑扎钢筋 1 的紧后工作了，绑扎钢筋 3 与浇筑混凝土 1 的关系也是如此。事实上，支模板 3 与绑扎钢筋 1 和绑扎钢筋 3 与浇筑混凝土 1 之间既不存在工艺关系，也不存在组织关系，因此，图 3.8 是错误的网络图。应该在支模板 2 和绑扎钢筋 2 的后边再分别增加一个横向虚工作，将支模板 3 与绑扎钢筋 1 和绑扎钢筋 3 与浇筑混凝土 1 的连接断开，再将多余的竖向虚工作去掉，形成正确的网络图，如图 3.9 所示。

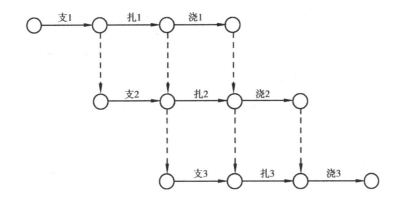

图 3.8   某钢筋混凝土工程双代号施工网络图(逻辑关系表达有错误)

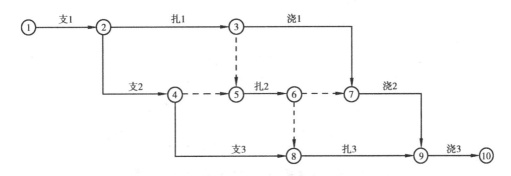

图 3.9   某钢筋混凝土工程双代号施工网络图

②网络图中不允许出现循环回路。所谓循环回路是指从一个节点出发,顺箭线方向又回到原出发点的循环线路。如图 3.10 所示的网络图中,从节点②出发经过节点③和节点⑤又回到节点②,形成了循环回路,这在双代号网络图中是不允许的。

③在网络图中不允许出现带有双向箭头或无箭头的连线。如图 3.10 中,节点④到节点⑦或节点⑦到节点⑧的表示是不允许的。

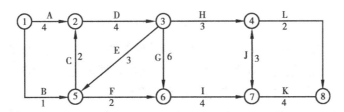

图 3.10   有循环回路和双向箭头的网络图

④在网络图中不允许出现没有箭尾节点和没有箭头节点的箭线。如图 3.11 所示。

⑤在双代号网络图中,一项工作只有唯一的一条箭线和相应的一对节点编号。严禁在箭线上引入或引出箭线,如图 3.12 所示。

⑥在一项网络图中,一般只允许出现一个起点节点和一个终点节点(计划任务中有部分工作要分期进行的网络图或多目标网络图除外),如图 3.13 所示。

⑦在网络图中,不允许出现同样代号的多项工作。如图 3.14(a)所示,A 和 B 两项工作有

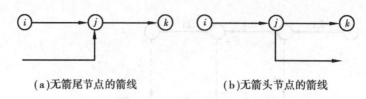

(a)无箭尾节点的箭线   (b)无箭头节点的箭线

图 3.11 没有箭尾节点和没有箭头节点的箭线

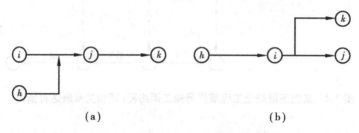

(a)   (b)

图 3.12 在箭线上引入和引出箭线

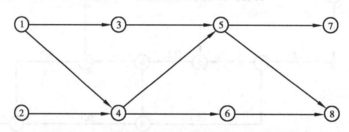

图 3.13 有多个起点节点和多个终点节点的网络图

同样的代号,这是不允许的。如果它们的所有紧前工作和所有紧后工作都一样,可采用增加一项虚工作的方法来处理,如图 3.14(b)所示,这也是虚工作的又一个作用。

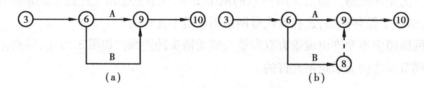

(a)   (b)

图 3.14 同样代号工作的处理方法

⑧在网络图中,当网络图的起点节点有多条外向箭线或终点节点有多条内向箭线时,为使图形简洁,可用母线法绘制。如图 3.15 所示,竖向的母线段宜绘制得粗些。这种方法仅限于无紧前工作或无紧后工作的工作,其他工作是不允许这样绘制的。

⑨在网络图中,应尽量避免箭线交叉,当交叉不可避免时,可采取过桥法或断线法、指向法等表示,如图 3.16 所示。

2)网络图的逻辑关系

工作之间相互制约或依赖的关系称为逻辑关系。工作之间的逻辑关系包括工艺关系和组织关系。

(1)工艺关系

工艺关系是指生产工艺上客观存在的先后顺序关系,或者是非生产性工作之间由工作程

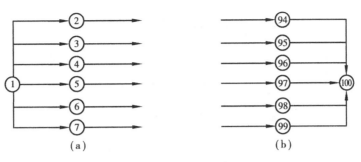

图 3.15　母线画法

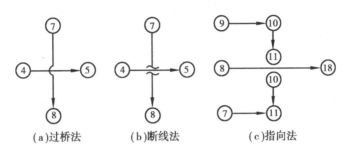

(a)过桥法　　　(b)断线法　　　(c)指向法

图 3.16　交叉箭线的处理方法

序决定的先后顺序关系。例如,建筑工程施工时,先做基础,后做主体;先做结构,后做装修。工艺关系是不能随意改变的。如图 3.17 所示,挖基槽 1→垫层 1→基础 1→回填土 1 为工艺关系。

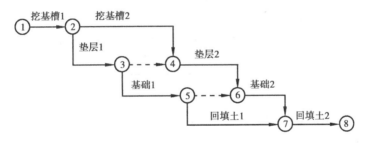

图 3.17　逻辑关系

(2)组织关系

组织关系是指在不违反工艺关系的前提下,人为安排的工作先后顺序关系。例如,建筑群中各个建筑物的开工顺序的先后、施工对象的分段流水作业等。组织顺序可以根据具体情况,按质量、安全、经济、高效的原则统筹安排。如图 3.17 所示,挖基槽 1→挖基槽 2,垫层 1→垫层 2 等为组织关系。

3)紧前工作、紧后工作和平行工作(见图 3.18)

(1)紧前工作

紧排在本工作之前的工作称为本工作的紧前工作。本工作和紧前工作之间可能有虚工作。图 3.17 中,挖基槽 1 是挖基槽 2 的组织关系上的紧前工作;垫层 1 和垫层 2 之间虽有虚工作,但垫层 1 是垫层 2 的组织关系上的紧前工作。挖基槽 1 则是垫层 1 的工艺关系上的紧

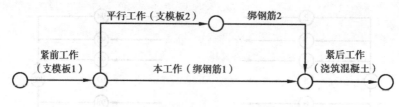

图 3.18　紧前、紧后和平行工作的关系

前工作。

（2）紧后工作

紧排在本工作之后的工作称为本工作的紧后工作。本工作和紧后工作之间也可能有虚工作。图 3.17 中,垫层 2 是垫层 1 的组织关系上的紧后工作,垫层 1 是挖基槽 1 的工艺关系上的紧后工作。

（3）平行工作

工程施工时还经常出现可与本工作同时进行的工作称为平行工作,平行的工作其箭线也平行地绘制。图 3.17 中,挖基槽 2 是垫层 1 的平行工作。

4）双代号网络图绘制示例

绘制网络图的一般过程是,首先根据绘制规则绘出草图,再进行调整,最后绘制成型,并进行节点编号。绘制草图时,主要注意各项工作之间的逻辑关系的正确表达,要正确应用虚工作,使应该连接的工作一定要连接,不应该连接的工作一定要区分断开。初步绘出的网络图往往比较凌乱,节点、箭线的位置和形式较难合理,这就需要进行整理,使节点、箭线的位置和形式合理化,保证网络图条理清晰、美观。

【例 3.1】　已知各项工作之间的逻辑关系见表 3.2,试绘制其双代号网络图。

表 3.2　工作逻辑关系

工　作	A	B	C	D	E	F	G	I
紧前工作	—	—	A,B	C	C	E	E	D,G

【解】　①根据双代号网络图绘制规则绘制草图,如图 3.19 所示。

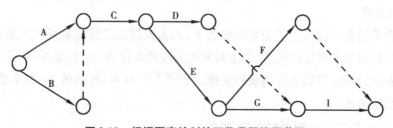

图 3.19　根据题意绘制的双代号网络图草图

②整理成条理清晰、布置合理,无箭线交叉、无多余虚工作和多余节点的网络图,如图 3.20所示。

③进行节点编号,如图 3.21 所示。

【例 3.2】　已知各项工作的逻辑关系见表 3.3,试绘制其双代号网络图。

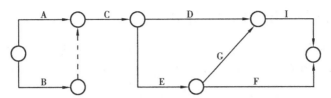

图 3.20 经整理后得出正确的双代号网络图

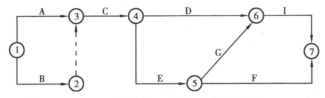

图 3.21 节点编号后的双代号网络图

表 3.3 工作逻辑关系

工 作	紧前工作	紧后工作	持续时间/d	工 作	紧前工作	紧后工作	持续时间/d
A	—	C,E,F	8	E	A,B	G,H	6
B	—	E,F	5	F	A,B	H	3
C	A	D	3	G	D,E	—	2
D	C	G	1	H	E,F	—	4

【解】 ①根据双代号网络图绘制规则绘制草图,如图 3.22 所示。

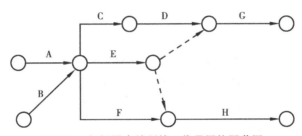

图 3.22 根据题意绘制的双代号网络图草图

②整理成条理清晰、布置合理,无箭线交叉、无多余虚工作和多余节点的网络图,并进行节点编号,如图 3.23 所示。

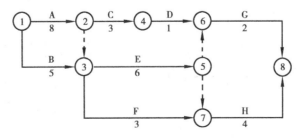

图 3.23 完整的双代号网络图

▶ 3.2.3 双代号网络图时间参数计算

网络计划技术的核心是找出关键线路。计算网络计划时间参数,其目的是:

①确定关键线路和关键工作,便于施工中抓住重点,向关键线路要时间。

②明确非关键工作及其在施工中的机动时间,便于挖掘潜力,统筹全局,部署资源。

③确定网络计划技术的总工期,做到工程进度心中有数。

时间参数的计算方法可分为工作计算法和节点计算法 2 种。每一种又可分为分析计算法(公式法)、图上计算法、表上计算法、矩阵法和电算法等。在此仅介绍图上计算法。

1)双代号网络图时间参数及其含义

(1)节点的时间参数

①节点的最早时间(ET_i),指节点(也称事件)的最早可能发生时间。

②节点的最迟时间(LT_i),指在不影响工期的前提下,节点的最迟发生时间。

(2)工作的时间参数

①工作的持续时间(D_{i-j}),指完成该工作所需的工作时间。

②工作的最早开始时间(ES_{i-j}),指该工作最早可能开始工作的时间。

③工作的最早完成时间(EF_{i-j}),指该工作最早可能完成的时间。

④工作的最迟开始时间(LS_{i-j}),指在不影响工期的前提下,该工作最迟必须开始工作的时间。

⑤工作的最迟完成时间(LF_{i-j}),指在不影响工期的前提下,该工作最迟必须完成的时间。

⑥工作的总时差(TF_{i-j}),指在不影响总工期的前提下,该工作所具有的最大机动时间。

⑦工作的自由时差(FF_{i-j}),指在不影响其紧后工作最早开始时间的前提下,该工作所具有的机动时间。

(3)网络计划的工期

①计算工期(T_c),指通过计算求得的网络计划的工期。

②计划工期(T_p),指完成网络计划的计划(打算)工期。

③要求工期(T_r),指合同规定或业主要求、企业上级要求的工期。

2)时间参数的标注方法

用图上计算法计算双代号网络图时间参数时,往往用时间参数的六时标注法(见图3.24)或四时标注法(见图3.25)将其计算结果直接标注在双代号网络图上。

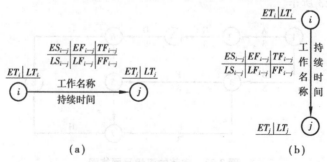

图3.24　时间参数的六时标注法

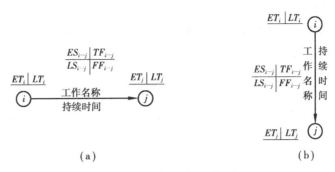

图 3.25 时间参数的四时标注法

3)按节点计算法计算时间参数

确定各工作的机动时间、关键工作和关键线路,可采用节点为对象,也可采用工作为对象。实际上,节点并不占用时间,它仅表示工作在某时刻开始或结束的瞬时点。

(1)节点最早时间(ET_i)

通常令无紧前节点的起点节点的最早时间等于零,即 $ET_1 = 0$。其余节点的最早时间计算从起点节点开始,自左向右逐个节点计算,直至终点节点。终点节点的最早时间即为整个网络计划的计算工期(T_c)。而有紧前节点的节点最早时间等于所有紧前节点最早时间与由紧前节点到达本节点之间工作的持续时间之和的最大值。即:

当 $i = 1$ 时　　　　　　　　　　$ET_i = 0$;

当 $i \neq 1$ 时　　　　　　　　　　$ET_j = \max\{ET_i + D_{i-j}\}$

式中,$i = 1$ 表示该节点为网络计划的起点节点,节点 i 为节点 j 的紧前节点,D_{i-j} 为紧前节点与本节点之间工作的持续时间。

当工期无要求时,可令计划工期 $T_p = T_c$;当工期有要求时,应令计划工期 $T_p \leq T_r$。即:

$$T_c = ET_n$$

式中,n 表示网络计划的终点节点。

(2)节点的最迟时间(LT_i)

网络计划终点节点的最迟时间等于计划工期 T_p;其他节点的最迟时间等于所有紧后节点的最迟时间减去由本节点与紧后节点之间工作的持续时间之差的最小值,即

当 $i = n$ 时　　　　　　　　　　$LT_i = T_p$;

当 $i \neq n$ 时　　　　　　　　　　$LT_i = \min\{LT_j - D_{i-j}\}$

式中,LT_j 表示本节点 i 的紧后节点的最迟时间。

(3)工作最早开始时间、最早完成时间、最迟完成时间、最迟开始时间。

这 4 个工作的时间参数可以通过对节点时间参数分析得出:

①工作最早开始时间等于本工作的开始节点的最早时间,即 $ES_{i-j} = ET_i$。

②工作的最早完成时间等于本工作的开始节点最早时间加上本工作的持续时间,即 $EF_{i-j} = ET_i + D_{i-j}$。

③工作的最迟完成时间等于本工作的结束节点的最迟时间,即 $LF_{i-j} = LT_j$。

④工作的最迟开始时间等于本工作的结束节点的最迟时间减去本工作的持续时间,即 $LS_{i-j} = LT_j - D_{i-j}$。

（4）工作的总时差（TF_{i-j}）

工作的总时差等于本工作结束节点的最迟时间减去本工作开始节点的最早时间与本工作的持续时间之和的差，即：

$$TF_{i-j} = LT_j - (ET_i + D_{i-j})。$$

（5）工作的自由时差（FF_{i-j}）

工作的自由时差等于紧后工作开始节点的最早时间的最小值减去本工作开始节点的最早时间与本工作的持续时间之和的差，即：

$$FF_{i-j} = \min\{ET_j\} - (ET_i + D_{i-j})$$

式中，ET_j 表示本工作 $i-j$ 的紧后工作开始节点的最早时间。

4）按工作计算法计算时间参数

①工作的最早开始时间（ES_{i-j}）。对于无紧前工作的工作，通常令其最早开始时间等于零；有紧前工作的工作，其最早开始时间等于所有紧前工作的最早完成时间的最大值。即

当 $i=1$ 时　　　　　　　　　　$ES_{i-j}=0$；

当 $i \neq 1$ 时　　　　　　$ES_{i-j} = \max\{EF_{h-i}\} = \max\{ES_{h-i}+D_{h-i}\}$

式中，$i=1$ 表示该工作的开始节点为网络计划的起点节点；工作 $h-i$ 表示本工作 $i-j$ 所有的紧前工作。

因此，计算工作最早开始时间时，应顺着箭头方向从最左边的第一项无紧前工作的工作开始，依次进行累加，直到最后一个工序。可简单地归纳为"从左到右，沿线累加，逢圈取大"。

②工作的最早完成时间（EF_{i-j}）。工作的最早完成时间等于本工作的最早开始时间与其持续时间之和，即：

$$EF_{i-j} = ES_{i-j} + D_{i-j}$$

③网络计划的工期：

a.计算工期（T_c）。网络计划的计算工期等于所有无紧后工作的工作的最早完成时间的最大值，即：

$$T_c = \max\{EF_{i-n}\}$$

式中，n 表示网络计划的终点节点。

b.计划工期（T_p）。网络计划的计划工期要分两种情况而定，即

当工期无要求时，可令 $T_p = T_c$；

当工期有要求时，可令 $T_p \leqslant T_r$。

④工作的最迟完成时间（LF_{i-j}）。工作的最迟完成时间也需要分两种情况：对于无紧后工作的工作，其最迟完成时间等于计划工期；而有紧后工作的工作，其最迟完成时间等于所有紧后工作最迟开始时间的最小值，即

当 $j=n$ 时　　　　　　　　　　$LF_{i-j} = T_p$

当 $j \neq n$ 时　　　　　　$LF_{i-j} = \min\{LF_{j-k}-D_{j-k}\} = \min\{LS_{j-k}\}$

式中　工作 $j-k$ 表示本工作 $i-j$ 的所有紧后工作。

因此，计算工作最迟完成时间时，应逆着箭头方向从结束于终点节点的无紧后工序的工作开始，可归纳为"从右到左，逆线相减，逢圈取小"。这里"逢圈取小"指的是有多个紧后工序的工作，它的最迟结束时间应取多个紧后工序最迟开始时间的最小值。

⑤工作的最迟开始时间(LS_{i-j})。工作的最迟开始时间等于本工作的最迟完成时间减去本工作的持续时间,即:

$$LS_{i-j} = LF_{i-j} - D_{i-j}$$

⑥工作的总时差(TF_{i-j})。工作的总时差等于本工作的最迟开始时间与最早开始时间之差,或本工作的最迟完成时间与最早完成时间之差,即:

$$TF_{i-j} = LS_{i-j} - ES_{i-j} \text{ 或 } TF_{i-j} = LF_{i-j} - EF_{i-j}$$

⑦工作的自由时差(FF_{i-j})。工作的自由时差也要分两种情况计算:对无紧后工作的工作,其自由时差等于计划工期减去本工作的最早完成时间;而对于有紧后工作的工作,其自由时差等于所有紧后工作的最早开始时间的最小值减去本工作的最早完成时间。即:

当 $j=n$ 时 $\qquad\qquad\qquad FF_{i-j} = T_p - EF_{i-j}$

当 $j \neq n$ 时 $\qquad\qquad\qquad FF_{i-j} = \min\{ES_{j-k}\} - EF_{i-j}$

5)关键工作和关键线路的确定

(1)关键工作的确定

网络计划中总时差最小的工作就是关键工作。当计划工期等于计算工期时,总时差为 0 的工作就是关键工作;当计划工期小于计算工期时,关键工作的总时差为负值,说明应采取更多措施以缩短计算工期;当计划工期大于计算工期时,关键工作的总时差为正值,说明计划已留有余地,进度控制就比较主动。

(2)关键线路的确定

网络计划中,自始至终全部由关键工作(必要时经过一些虚工作)组成或线路上总的工作持续时间最长的线路应为关键线路。将关键工作自左向右依次首尾相连而形成的线路就是关键线路。

关键线路可能不止一条。如果网络图中存在多条关键线路,则说明该网络图的关键工作较多,必须加强管理,严格控制,确保各项工作如期完成,保证总工期的按期完成,关键线路上的总的持续时间就是总工期 T。

6)双代号网络图时间参数计算实例

【例 3.3】 有一个双代号网络图的结构和工作持续时间(d)如图 3.26 所示。试计算各节点和工作的时间参数,并求关键线路。

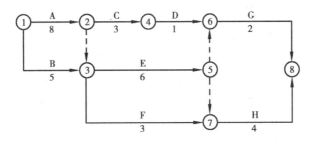

图 3.26　双代号网络图

【解】 (1)按节点计算法计算时间参数

按节点计算法计算时间参数,其计算结果应标注在节点之上,如图 3.27 所示。

①计算各节点最早开始时间 ET。节点的最早开始时间是以该节点为开始节点的工作的

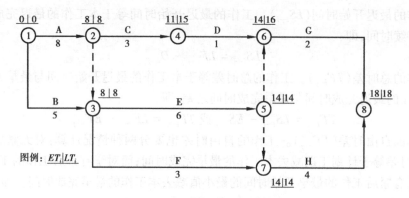

图 3.27 节点时间参数的计算

最早开始时间,其计算程序为:自起始节点开始,顺着箭线方向,用累加的方法计算到终点,碰圈取其最大值为该节点最早开始时间的方法。其计算有 3 种情况:

a.起始节点,如未规定最早时间,其值应等于零,$ET_i=0(i=1)$。

b.中间节点的最早时间,$ET_j=\max\{ET_i+D_{i-j}\}$。

c.终点节点 n 的最早时间即为网络计划的计算工期,即 $T_c=ET_n$。

如图 3.27 网络计划的各节点最早开始时间的计算如下:

$ET_1=0$

$ET_2=\max\{ET_1+D_{1-2}\}=\max\{0+8\}=8$

$ET_3=\max\begin{Bmatrix}ET_2+D_{2-3}\\ET_1+D_{1-3}\end{Bmatrix}=\max\begin{Bmatrix}8+0\\0+5\end{Bmatrix}=8$

$ET_4=\max\{ET_2+D_{2-4}\}=\max\{8+3\}=11$

$ET_5=\max\{ET_3+D_{3-5}\}=\max\{8+6\}=14$

$ET_6=\max\begin{Bmatrix}ET_5+D_{5-6}\\ET_4+D_{4-6}\end{Bmatrix}=\max\begin{Bmatrix}14+0\\11+1\end{Bmatrix}=14$

$ET_7=\max\begin{Bmatrix}ET_5+D_{5-7}\\ET_3+D_{3-7}\end{Bmatrix}=\max\begin{Bmatrix}14+0\\8+3\end{Bmatrix}=14$

$ET_8=\max\begin{Bmatrix}ET_6+D_{6-8}\\ET_7+D_{7-8}\end{Bmatrix}=\max\begin{Bmatrix}14+2\\14+4\end{Bmatrix}=18$

②计算各节点最迟开始时间 LT。节点的最迟开始时间是以该节点为完成节点的工作的最迟完成时间,其计算程序为:自终点节点开始,逆着箭线方向,用累减的方法计算到起点节点,碰圈取其最小值为该节点最迟开始时间的方法。其计算有 2 种情况:

a.终点节点的最迟开始时间应等于网络计划的计划工期或计算工期,即 $LT_n=T_p=ET_n=T_c$。

b.中间节点的最迟开始时间 $LT_i=\min\{LT_j-D_{i-j}\}$。

如图 3.27 网络计划的各节点最迟开始时间的计算如下:

$LT_8=T_p=ET_8=18$

$LT_7=\min\{LT_8-D_{7-8}\}=\min\{18-4\}=14$

$LT_6=\min\{LT_8-D_{6-8}\}=\min\{18-2\}=16$

$$LT_5 = \min\begin{Bmatrix} LT_6 - D_{5-6} \\ LT_7 - D_{5-7} \end{Bmatrix} = \min\begin{Bmatrix} 16-0 \\ 14-0 \end{Bmatrix} = 14$$

$$LT_4 = \min\{ LT_6 - D_{4-6} \} = \min\{ 16-1 \} = 15$$

$$LT_3 = \min\begin{Bmatrix} LT_5 - D_{3-5} \\ LT_7 - D_{3-7} \end{Bmatrix} = \min\begin{Bmatrix} 14-6 \\ 14-3 \end{Bmatrix} = 8$$

$$LT_2 = \min\begin{Bmatrix} LT_3 - D_{2-3} \\ LT_4 - D_{2-4} \end{Bmatrix} = \min\begin{Bmatrix} 8-0 \\ 15-3 \end{Bmatrix} = 8$$

$$LT_1 = \min\begin{Bmatrix} LT_2 - D_{1-2} \\ LT_3 - D_{1-3} \end{Bmatrix} = \min\begin{Bmatrix} 8-8 \\ 8-5 \end{Bmatrix} = 0$$

③根据节点时间参数计算工作时间参数,各工作的时间参数标注在图3.28上。

a.工作最早开始时间 ES:$ES_{i-j} = ET_i$。

$ES_{1-2} = ET_1 = 0$

$ES_{1-3} = ET_1 = 0$

$ES_{2-4} = ET_2 = 8$

$ES_{3-5} = ET_3 = 8$

$ES_{3-7} = ET_3 = 8$

$ES_{4-6} = ET_4 = 11$

$ES_{6-8} = ET_6 = 14$

$ES_{7-8} = ET_7 = 14$

b.工作最早完成时间 EF:$EF_{i-j} = ET_i + D_{i-j}$。

$EF_{1-2} = ET_1 + D_{1-2} = 0+8 = 8$

$EF_{1-3} = ET_1 + D_{1-3} = 0+5 = 5$

$EF_{2-4} = ET_2 + D_{2-4} = 8+3 = 11$

$EF_{3-5} = ET_3 + D_{3-5} = 8+6 = 14$

$EF_{3-7} = ET_3 + D_{3-7} = 8+3 = 11$

$EF_{4-6} = ET_4 + D_{4-6} = 11+1 = 12$

$EF_{6-8} = ET_6 + D_{6-8} = 14+2 = 16$

$EF_{7-8} = ET_7 + D_{7-8} = 14+4 = 18$

c.工作最迟完成时间 LF:$LF_{i-j} = LT_j$。

$LF_{1-2} = LT_2 = 8$

$LF_{1-3} = LT_3 = 8$

$LF_{2-4} = LT_4 = 15$

$LF_{3-5} = LT_5 = 14$

$LF_{3-7} = LT_7 = 14$

$LF_{4-6} = LT_6 = 16$

$LF_{6-8} = LT_8 = 18$

$LF_{7-8} = LT_8 = 18$

d.工作最迟开始时间 LS:$LS_{i-j} = LT_j - D_{i-j}$。

$LS_{1-2} = LT_2 - D_{1-2} = 8-8 = 0$

$LS_{1-3}=LT_3-D_{1-3}=8-5=3$

$LS_{2-4}=LT_4-D_{2-4}=15-3=12$

$LS_{3-5}=LT_5-D_{3-5}=14-6=8$

$LS_{3-7}=LT_7-D_{3-7}=14-3=11$

$LS_{4-6}=LT_6-D_{4-6}=16-1=15$

$LS_{6-8}=LT_8-D_{6-8}=18-2=16$

$LS_{7-8}=LT_8-D_{7-8}=18-4=14$

e.工作总时差 TF：$TF_{i-j}=LT_j-ET_i-D_{i-j}$。

$TF_{1-2}=LT_2-ET_1-D_{1-2}=8-0-8=0$

$TF_{1-3}=LT_3-ET_1-D_{1-3}=8-0-5=3$

$TF_{2-4}=LT_4-ET_2-D_{2-4}=15-8-3=4$

$TF_{3-5}=LT_5-ET_3-D_{3-5}=14-8-6=0$

$TF_{3-7}=LT_7-ET_3-D_{3-7}=14-8-3=3$

$TF_{4-6}=LT_6-ET_4-D_{4-6}=16-15-1=0$

$TF_{6-8}=LT_8-ET_6-D_{6-8}=18-14-2=2$

$TF_{7-8}=LT_8-ET_7-D_{7-8}=18-14-4=0$

f.自由时差 FF：$FF_{i-j}=ET_j-ET_i-D_{i-j}$。

$FF_{1-2}=ET_2-ET_1-D_{1-2}=8-0-8=0$

$FF_{1-3}=ET_3-ET_1-D_{1-3}=8-0-5=3$

$FF_{2-4}=ET_4-ET_2-D_{2-4}=11-8-3=0$

$FF_{3-5}=ET_5-ET_3-D_{3-5}=14-8-6=0$

$FF_{3-7}=ET_7-ET_3-D_{3-7}=14-8-3=3$

$FF_{4-6}=ET_6-ET_4-D_{4-6}=14-11-1=2$

$FF_{6-8}=ET_8-ET_6-D_{6-8}=18-14-2=2$

$FF_{7-8}=ET_8-ET_7-D_{7-8}=18-14-4=0$

(2)按工作计算法计算时间参数

图3.28所示的网络计划中,各工作的时间参数计算如下：

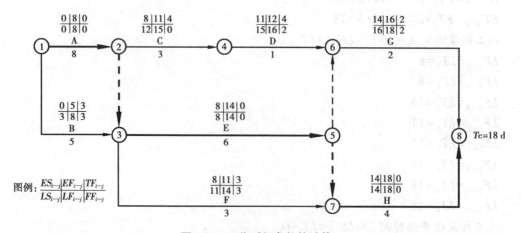

图3.28 工作时间参数的计算

①工作最早开始时间 ES：当 $i=1$ 时，$ES_{i-j}=0$；当 $i\neq 1$ 时，$ES_{i-j}=\max\{EF_{h-i}\}=\max\{ES_{h-i}+D_{h-i}\}$。

$ES_{1-2}=0$

$ES_{1-3}=0$

$ES_{2-3}=\max\{ES_{1-2}+D_{1-2}\}=\max\{0+8\}=8$

$ES_{2-4}=\max\{ES_{1-2}+D_{1-2}\}=\max\{0+8\}=8$

$ES_{3-5}=\max\begin{Bmatrix}ES_{1-3}+D_{1-3}\\ES_{2-3}+D_{2-3}\end{Bmatrix}=\max\begin{Bmatrix}0+5\\8+0\end{Bmatrix}=8$

$ES_{3-7}=\max\begin{Bmatrix}ES_{1-3}+D_{1-3}\\ES_{2-3}+D_{2-3}\end{Bmatrix}=\max\begin{Bmatrix}0+5\\8+0\end{Bmatrix}=8$

$ES_{4-6}=\max\{ES_{2-4}+D_{2-4}\}=\max\{8+3\}=11$

$ES_{5-6}=\max\{ES_{3-5}+D_{3-5}\}=\max\{8+6\}=14$

$ES_{5-7}=\max\{ES_{3-5}+D_{3-5}\}=\max\{8+6\}=14$

$ES_{6-8}=\max\begin{Bmatrix}ES_{4-6}+D_{4-6}\\ES_{5-6}+D_{5-6}\end{Bmatrix}=\max\begin{Bmatrix}11+1\\14+0\end{Bmatrix}=14$

$ES_{7-8}=\max\begin{Bmatrix}ES_{3-7}+D_{3-7}\\ES_{5-7}+D_{5-7}\end{Bmatrix}=\max\begin{Bmatrix}8+3\\14+0\end{Bmatrix}=14$

②工作最早完成时间 EF：$EF_{i-j}=ES_{i-j}+D_{i-j}$。

$EF_{1-2}=ES_{1-2}+D_{1-2}=0+8=8$

$EF_{1-3}=ES_{1-3}+D_{1-3}=0+5=5$

$EF_{2-4}=ES_{2-4}+D_{2-4}=8+3=11$

$EF_{3-5}=ES_{3-5}+D_{3-5}=8+6=14$

$EF_{3-7}=ES_{3-7}+D_{3-7}=8+3=11$

$EF_{4-6}=ES_{4-6}+D_{4-6}=11+1=12$

$EF_{6-8}=ES_{6-8}+D_{6-8}=14+2=16$

$EF_{7-8}=ES_{7-8}+D_{7-8}=14+4=18$

③工作最迟完成时间 LF：

当 $j=n$ 时，$LF_{i-j}=T_p$；当 $j\neq n$ 时，$LF_{i-j}=\min\{LF_{j-k}-D_{j-k}\}=\min\{LS_{j-k}\}$。

$LF_{7-8}=T_p=18$

$LF_{6-8}=T_p=18$

$LF_{4-6}=LF_{6-8}-D_{6-8}=18-2=16$

$LF_{3-7}=LF_{7-8}-D_{7-8}=18-4=14$

$LF_{3-5}=\min\begin{Bmatrix}LF_{6-8}-D_{6-8}\\LF_{7-8}-D_{7-8}\end{Bmatrix}=\min\begin{Bmatrix}18-2\\18-4\end{Bmatrix}=14$

$LF_{2-4}=LF_{4-6}-D_{4-6}=16-1=15$

$LF_{1-3}=\min\begin{Bmatrix}LF_{3-5}-D_{3-5}\\LF_{3-7}-D_{3-7}\end{Bmatrix}=\min\begin{Bmatrix}14-6\\14-3\end{Bmatrix}=8$

$$LF_{1-2} = \min\begin{Bmatrix} LF_{2-4}-D_{2-4} \\ LF_{3-5}-D_{3-5} \\ LF_{3-7}-D_{3-7} \end{Bmatrix} = \min\begin{Bmatrix} 15-3 \\ 14-6 \\ 14-3 \end{Bmatrix} = 8$$

④工作最迟开始时间 LS：$LS_{i-j} = LF_{i-j} - D_{i-j}$。

$$LS_{1-2} = LF_{1-2} - D_{1-2} = 8-8 = 0$$

$$LS_{1-3} = LF_{1-3} - D_{1-3} = 8-5 = 3$$

$$LS_{2-4} = LF_{2-4} - D_{2-4} = 15-3 = 12$$

$$LS_{3-5} = LF_{3-5} - D_{3-5} = 14-6 = 8$$

$$LS_{3-7} = LF_{3-7} - D_{3-7} = 14-3 = 11$$

$$LS_{4-6} = LF_{4-6} - D_{4-6} = 16-1 = 15$$

$$LS_{6-8} = LF_{6-8} - D_{6-8} = 18-2 = 16$$

$$LS_{7-8} = LF_{7-8} - D_{7-8} = 18-4 = 14$$

⑤工作总时差 TF：$TF_{i-j} = LS_{i-j} - ES_{i-j}$ 或 $TF_{i-j} = LF_{i-j} - EF_{i-j}$。

$$TF_{1-2} = LS_{1-2} - ES_{1-2} = 0-0 = 0$$

$$TF_{1-3} = LS_{1-3} - ES_{1-3} = 3-0 = 3$$

$$TF_{2-4} = LS_{2-4} - ES_{2-4} = 12-8 = 4$$

$$TF_{3-5} = LS_{3-5} - ES_{3-5} = 8-8 = 0$$

$$TF_{3-7} = LS_{3-7} - ES_{3-7} = 11-8 = 3$$

$$TF_{4-6} = LS_{4-6} - ES_{4-6} = 15-11 = 4$$

$$TF_{6-8} = LS_{6-8} - ES_{6-8} = 16-14 = 2$$

$$TF_{7-8} = LS_{7-8} - ES_{7-8} = 14-14 = 0$$

⑥自由时差 FF：$FF_{i-j} = ES_{j-k} - EF_{i-j}$ 或 $FF_{i-j} = ES_{j-k} - ES_{i-j} - D_{i-j}$。

$$FF_{1-2} = ES_{2-4} - EF_{1-2} = 8-8 = 0$$

$$FF_{1-3} = ES_{3-5} - EF_{1-3} = 8-5 = 3$$

$$FF_{2-4} = ES_{4-6} - EF_{2-4} = 11-11 = 0$$

$$FF_{3-5} = ES_{6-8} - EF_{3-5} = 14-14 = 0$$

$$FF_{3-7} = ES_{7-8} - EF_{3-7} = 14-11 = 3$$

$$FF_{4-6} = ES_{6-8} - EF_{4-6} = 14-12 = 2$$

$$FF_{6-8} = T_c - EF_{6-8} = 18-16 = 2$$

$$FF_{7-8} = T_c - EF_{7-8} = 18-18 = 0$$

（3）关键工作和关键线路的确定

网络计划中工作总时差最小的工作就是关键工作；自始至终全由关键工作组成的线路称为关键线路。本例关键线路为1→2→3→5→7→8，用粗黑箭线表示。

3.3　单代号网络计划

▶ 3.3.1　单代号网络图的组成

单代号网络图是网络计划的另一种表示方法，它也是由箭线、节点和线路组成。但是，单代号网络图是以节点及其编号表示一项工作,以箭线表示工作之间的逻辑关系和先后顺序,如图 3.29 所示。用这种表示方法把一项计划中的工作按先后顺序和逻辑关系从左到右绘制而成的图形,称为单代号网络图。用单代号网络图表示的计划就称为单代号网络计划,如图 3.30 所示。

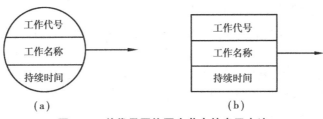

图 3.29　单代号网络图中节点的表示方法

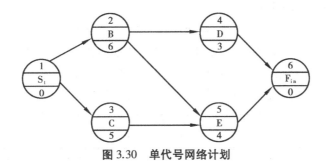

图 3.30　单代号网络计划

(1)箭线

单代号网络图中的箭线表示紧邻工作之间的逻辑关系,既不消耗时间,也不消耗资源,与双代号网络计划中虚箭线的含义相同。箭线应画成水平直线、折线或斜线。箭线水平投影的方向应自左向右,表示工作的进行方向。箭线的箭尾节点编号应小于箭头节点的编号。单代号网络图中不设虚箭线。

(2)节点

单代号网络图中,每一个节点及其编号表示一项工作。该节点宜用圆圈或矩形表示,节点所表示的工作名称、持续时间和工作代号等应标注在节点之内,如图 3.29 所示。节点必须编号,此编号即该工作的代号,由于代号只有一个,故称“单代号”。节点编号标注在节点内,可连续编号,也可间断编号,但严禁重复编号。一项工作必须有唯一的一个节点和唯一的一个编号。

(3)线路

单代号网络图的线路与双代号网络图的线路的含义是相同的,即从网络计划的起始节点到结束节点之间的若干通道。其中,从网络计划的起始节点到结束节点之间持续时间最长的线路或由关键工作所组成的线路就为关键线路。

▶　3.3.2　单代号网络图的绘制

1)单代号网络图的绘制规则

单代号网络图的绘制规则与双代号网络图的绘制规则基本相似。简述如下:

①单代号网络图必须正确表述已定的逻辑关系(见表 3.1)。逻辑关系包括工艺关系和组

织关系。

②单代号网络中严禁出现循环回路。

③单代号网络图中,严禁出现双向箭线或无箭头的连线。

④单代号网络图中,严禁出现没有箭尾节点的箭线或没有箭头节点的箭线。无箭头节点的箭线和无箭尾节点的箭线都是没有意义的。

⑤绘制网络图时,箭线不宜交叉,当交叉不可避免时,可采用过桥法或指向法绘制。

⑥单代号网络计划中应只有一个起点节点和终点节点。当网络图中出现多项没有紧前工作的工作节点和多项没有紧后工作的工作节点时,应在网络计划的两端分别设置一项虚工作,作为该网络计划的起点节点(S_t)和终点节点(F_{in}),如图3.30所示。虚拟的起点节点和虚拟的终点节点所需时间为零。

2)单代号网络图的绘制示例

单代号网络图绘制的一般过程是,首先按照工作展开的先后顺序给出表示工作的节点,然后根据逻辑关系,将有紧前、紧后关系的工作节点用箭线连接起来,在单代号网络图中无须引入虚箭线。若绘出的网络图出现多项没有紧前工作的工作节点时,设置一项虚拟的起点节点(S_t);若出现多项没有紧后工作的工作节点时,设置一项虚拟的终点节点(F_{in})。

【例3.4】 已知各项工作的逻辑关系见表3.4,试绘制单代号网络图。

表3.4 工作逻辑关系表

工作	A	B	C	D	E	F	G	H	I	J
紧前工作	—	A	A	A	B,C	B	C,D	E,F	C,D,F	G
持续时间	8	5	2	1	3	4	10	3	2	8

【解】 根据表3.4所示的各项工作的逻辑关系绘制的单代号网络图,如图3.31所示。

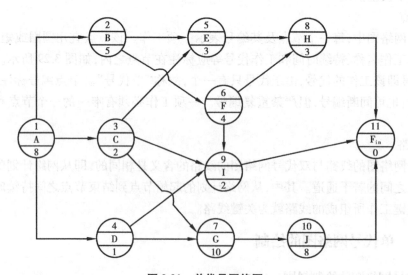

图3.31 单代号网络图

▶ 3.3.3 单代号网络图的时间参数计算

单代号网络图绘制完成,在确定了各项工作的持续时间 D_i 以后,便可着手进行时间参数的计算。单代号网络计划的时间参数包括工作最早开始时间 ES_i,工作最早完成时间 EF_i,计算工期 T_c,计划工期 T_p,相邻两项工作时间间隔 $LAG_{i,j}$,工作最迟完成时间 LF_i,工作最迟开始时间 LS_i,工作总时差 TF_i 和自由时差 FF_i。

1)单代号网络计划时间参数的标注形式

当用圆圈表示工作时,时间参数在图上的标注形式可采用图 3.32(a)的标注;当用方框表示工作时,时间参数在图上的标注形式可采用图 3.32(b)的标注。

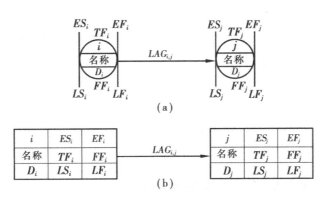

图 3.32 单代号网络计划时间参数的标注形式

2)单代号网络计划时间参数计算公式

单代号网络计划时间参数计算公式与双代号网络计划时间参数计算公式基本相同,只是工作的时间参数的下角标由双角标变为单角标。

(1)工作的最早开始时间(ES_i)

当 $i=1$ 时,通常令 $ES_i=0$;

当 $i\neq1$ 时,$ES_i=\max\{ES_h+D_h\}$

式中,下角标 i 表示本工作,下角标 h 表示本工作的所有紧前工作。

(2)工作的最早完成时间(EF_i)

$$EF_i = ES_i + D_i$$

(3)网络计划的工期

$$T_c = EF_n$$

式中,n 表示网络计划的终点节点。

当工期无要求时,$T_p=T_c$;当工期有要求时,$T_p\leq T_r$。

(4)相邻两项工作 i 和 j 之间的时间间隔 $LAG_{i,j}$ 的计算

相邻两项工作之间存在着时间间隔,i 工作与 j 工作的时间间隔记为 $LAG_{i,j}$。时间间隔指相邻两项工作之间,后项工作的最早开始时间 ES_j 与前项工作的最早完成时间 EF_i 之差,其计算公式为:$LAG_{i,j}=ES_j-EF_i$

终点节点与其前项工作的时间间隔为:$LAG_{i,n}=T_p-EF_i$

式中,n 表示终点节点,也可以是虚拟的终点节点 F_{in}。

(5)工作的最迟完成时间(LF_i)

当 $i=n$ 时,$LF_i=T_p$;

当 $i \neq n$ 时,$LF_i = \min\{LS_j\}$

式中,下角标 j 表示本工作的所有紧后工作。

(6)工作的最迟开始时间(LS_i)

$$LS_i = LF_i - D_i$$

(7)工作的总时差(TF_i)

$$TF_i = LS_i - ES_i \quad 或 \quad TF_i = LF_i - EF_i$$

(8)工作自由时差(FF_i)

工作的自由时差(FF_i)的计算方法是,首先计算相邻两项工作之间的时间间隔($LAG_{i,j}$),然后取本工作与其所有紧后工作的时间间隔的最小值作为本工作的自由时差。相邻两项工作之间的时间间隔 $LAG_{i,j}$ 等于紧后工作的最早开始时间 ES_j 与本工作的最早完成时间 EF_i 之差。即

$$LAG_{i,j} = ES_j - EF_i$$

$$FF_i = \min\{LAG_{i,j}\} = \min\{ES_j - EF_i\} \quad 或 \quad FF_i = \min\{ES_j - ES_i - D_i\}$$

3)单代号网络计划关键工作和关键线路的确定

(1)关键工作的确定

确定方法与双代号网络图的关键工作确定方法相同,即总时差为最小的工作为关键工作。在计划工期等于计算工期时,总时差为零的工作就是关键工作;当计划工期小于计算工期时,关键工作的总时差为负值,说明应采取更多措施以缩短计算工期;当计划工期大于计算工期时,关键工作的总时差为正值,说明计划已留有余地,进度控制就比较主动。

(2)关键线路的确定

网络计划中从起点节点开始到终点节点均为关键工作,且所有工作的间隔时间均为零的线路应为关键线路。在肯定型网络计划中,是指线路上工作总持续时间最长的线路。关键线路在网络图中宜用粗箭线、双箭线或彩色箭线在图上标注关键线路上的箭线。

4)单代号网络计划时间参数计算示例

【例3.5】 有一个单代号网络图的结构和工作持续时间(d)如图 3.33 所示。试计算各工作的时间参数,并求关键线路。

【解】 计算结果如图 3.34 所示。现对其计算方法说明如下:

(1)工作最早开始时间 ES_i 的计算

工作的最早开始时间从网络图的起点节点开始,顺着箭线方向从左到右,依次逐个计算。因起点节点的最早开始时间未作规定,故 $ES_1=0$;其紧后工作的最早开始时间是其各紧前工作的最早开始时间与其持续时间之和,并取其最大值,其计算公式为 $ES_i = \max\{ES_h + D_h\}$。因此可得到:

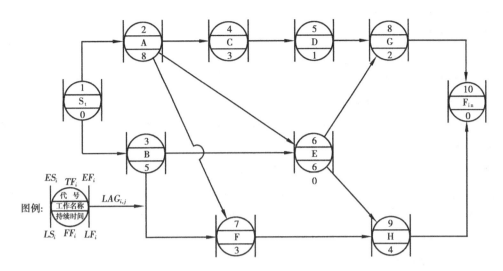

图3.33　单代号网络图

$ES_1 = 0$

$ES_2 = ES_1 + D_1 = 0 + 0 = 0$

$ES_3 = ES_1 + D_1 = 0 + 0 = 0$

$ES_4 = ES_2 + D_2 = 0 + 8 = 8$

$ES_5 = ES_4 + D_4 = 8 + 3 = 11$

$$ES_6 = \max\begin{Bmatrix} ES_2 + D_2 \\ ES_3 + D_3 \end{Bmatrix} = \max\begin{Bmatrix} 0 + 8 \\ 0 + 5 \end{Bmatrix} = 8$$

$$ES_7 = \max\begin{Bmatrix} ES_2 + D_2 \\ ES_3 + D_3 \end{Bmatrix} = \max\begin{Bmatrix} 0 + 8 \\ 0 + 5 \end{Bmatrix} = 8$$

$$ES_8 = \max\begin{Bmatrix} ES_5 + D_5 \\ ES_6 + D_6 \end{Bmatrix} = \max\begin{Bmatrix} 11 + 1 \\ 8 + 6 \end{Bmatrix} = 14$$

$$ES_9 = \max\begin{Bmatrix} ES_6 + D_6 \\ ES_7 + D_7 \end{Bmatrix} = \max\begin{Bmatrix} 8 + 6 \\ 8 + 3 \end{Bmatrix} = 14$$

$$ES_{10} = \max\begin{Bmatrix} ES_8 + D_8 \\ ES_9 + D_9 \end{Bmatrix} = \max\begin{Bmatrix} 14 + 2 \\ 14 + 4 \end{Bmatrix} = 18$$

（2）工作最早完成时间 EF_i 的计算

每项工作的最早完成时间是该工作的最早开始时间与其工作持续时间之和，其计算公式为 $EF_i = ES_i + D_i$。因此可得到：

$EF_1 = ES_1 + D_1 = 0 + 0 = 0$

$EF_2 = ES_2 + D_2 = 0 + 8 = 8$

$EF_3 = ES_3 + D_3 = 0 + 5 = 5$

$EF_4 = ES_4 + D_4 = 8 + 3 = 11$

$EF_5 = ES_5 + D_5 = 11 + 1 = 12$

$EF_6 = ES_6 + D_6 = 8 + 6 = 14$

$EF_7 = ES_7 + D_7 = 8 + 3 = 11$

$EF_8 = ES_8 + D_8 = 14 + 2 = 16$

$EF_9 = ES_9 + D_9 = 14 + 4 = 18$

$EF_{10} = ES_{10} + D_{10} = 18 + 0 = 18$

（3）网络计划的计算工期 T_c 和计划工期 T_p 的确定。按公式 $T_c = EF_n$ 计算，因此得到：$T_c = EF_{10} = 18$ d。由于本计划没有要求工期，故 $T_p = T_c = 18$ d。

（4）相邻两项工作之间时间间隔 $LAG_{i,j}$ 的计算

相邻两项工作的时间间隔，是其后项工作的最早开始时间与前项工作的最早完成时间的差值，它表示相邻两项工作之间有一段时间间隔，相邻两项工作 i 与工作 j 之间的时间间隔按公式 $LAG_{i,j} = ES_j - EF_i$ 计算。因此可得到：

$LAG_{1,2} = ES_2 - EF_1 = 0 - 0 = 0$

$LAG_{1,3} = ES_3 - EF_1 = 0 - 0 = 0$

$LAG_{2,4} = ES_4 - EF_2 = 8 - 8 = 0$

$LAG_{2,6} = ES_6 - EF_2 = 8 - 8 = 0$

$LAG_{2,7} = ES_7 - EF_2 = 8 - 8 = 0$

$LAG_{3,6} = ES_6 - EF_3 = 8 - 5 = 3$

$LAG_{3,7} = ES_7 - EF_3 = 8 - 5 = 3$

$LAG_{4,5} = ES_5 - EF_4 = 11 - 11 = 0$

$LAG_{5,8} = ES_8 - EF_5 = 14 - 12 = 2$

$LAG_{6,8} = ES_8 - EF_6 = 14 - 14 = 0$

$LAG_{6,9} = ES_9 - EF_6 = 14 - 14 = 0$

$LAG_{7,9} = ES_9 - EF_7 = 14 - 11 = 3$

$LAG_{8,10} = ES_{10} - EF_8 = 18 - 16 = 2$

$LAG_{9,10} = ES_{10} - EF_9 = 18 - 18 = 0$

（5）工作最迟完成时间 LF_i 的计算

工作 i 的最迟完成时间 LF_i 应从网络图的终点节点开始，逆着箭线方向依次逐项计算。终点节点 n 所代表的工作的最迟完成时间 LF_n，应按公式 $LF_n = T_p$ 计算；其他工作 i 的最迟完成时间 LF_i，按公式 $LF_i = \min\{LF_j - D_j\}$ 计算。因此可得到：

$LF_{10} = T_p = T_c = 18$

$LF_9 = \min\{LF_{10} - D_{10}\} = \min\{18 - 0\} = 18$

$LF_8 = \min\{LF_{10} - D_{10}\} = \min\{18 - 0\} = 18$

$LF_7 = \min\{LF_9 - D_9\} = \min\{18 - 4\} = 14$

$LF_6 = \min\begin{Bmatrix} LF_8 - D_8 \\ LF_9 - D_9 \end{Bmatrix} = \min\begin{Bmatrix} 18 - 2 \\ 18 - 4 \end{Bmatrix} = 14$

$LF_5 = \min\{LF_8 - D_8\} = \min\{18 - 2\} = 16$

$$LF_4 = \min\{LF_5 - D_5\} = \min\{16 - 1\} = 15$$

$$LF_3 = \min\begin{Bmatrix} LF_6 - D_6 \\ LF_7 - D_7 \end{Bmatrix} = \min\begin{Bmatrix} 14 - 6 \\ 14 - 3 \end{Bmatrix} = 8$$

$$LF_2 = \min\begin{Bmatrix} LF_4 - D_4 \\ LF_6 - D_6 \\ LF_7 - D_7 \end{Bmatrix} = \min\begin{Bmatrix} 15 - 3 \\ 14 - 6 \\ 14 - 3 \end{Bmatrix} = 8$$

$$LF_1 = \min\begin{Bmatrix} LF_2 - D_2 \\ LF_3 - D_3 \end{Bmatrix} = \min\begin{Bmatrix} 8 - 8 \\ 8 - 5 \end{Bmatrix} = 0$$

(6) 工作最迟开始时间 LS_i 的计算

工作的最迟开始时间 LS_i，按公式 $LS_i = LF_i - D_i$ 进行计算。因此可得到：

$$LS_{10} = LF_{10} - D_{10} = 18 - 0 = 18$$

$$LS_9 = LF_9 - D_9 = 18 - 4 = 14$$

$$LS_8 = LF_8 - D_8 = 18 - 2 = 16$$

$$LS_7 = LF_7 - D_7 = 14 - 3 = 11$$

$$LS_6 = LF_6 - D_6 = 14 - 6 = 8$$

$$LS_5 = LF_5 - D_5 = 16 - 1 = 15$$

$$LS_4 = LF_4 - D_4 = 15 - 3 = 12$$

$$LS_3 = LF_3 - D_3 = 8 - 5 = 3$$

$$LS_2 = LF_2 - D_2 = 8 - 8 = 0$$

$$LS_1 = LF_1 - D_1 = 0 - 0 = 0$$

(7) 工作总时差 TF_i 的计算

每项工作的总时差，是该项工作在不影响计划工期（总工期）的前提下所具有的机动时间（富余时间）。它的计算应从网络图的终点节点开始，逆着箭线方向依次计算。终点节点所代表的工作的总时差 TF_n 值，由于本例没有给出规定工期，故应为零，即 $TF_n = 0$。其他工作的总时差，可按公式 $TF_i = LS_i - ES_i$ 或 $TF_i = LF_i - EF_i$ 或 $TF_i = \{LAG_{i,j} + TF_j\}$ 计算。因此可得到：

$$TF_1 = LS_1 - ES_1 = 0 - 0 = 0$$

$$TF_2 = LS_2 - ES_2 = 0 - 0 = 0$$

$$TF_3 = LS_3 - ES_3 = 3 - 0 = 3$$

$$TF_4 = LS_4 - ES_4 = 12 - 8 = 4$$

$$TF_5 = LS_5 - ES_5 = 15 - 11 = 4$$

$$TF_6 = LS_6 - ES_6 = 8 - 8 = 0$$

$$TF_7 = LS_7 - ES_7 = 11 - 8 = 3$$

$$TF_8 = LS_8 - ES_8 = 16 - 14 = 2$$

$$TF_9 = LS_9 - ES_9 = 14 - 14 = 0$$

$$TF_{10} = LS_{10} - ES_{10} = 18 - 18 = 0$$

（8）工作自由时差 FF_i 的计算

自由时差是指在不影响其紧后工作最早开始时间的前提下,本工作可以利用的机动时间,可按公式 $FF_i=\min\{ES_j-EF_i\}$ 或 $FF_i=\min\{ES_j-ES_i-D_i\}$, $FF_i=\min\{LAG_{i,j}\}$ 计算。因此可得到:

$$FF_1=\min\begin{Bmatrix}ES_2-EF_1\\ES_3-EF_1\end{Bmatrix}=\min\begin{Bmatrix}0-0\\0-0\end{Bmatrix}=0$$

$$FF_2=\min\begin{Bmatrix}ES_4-EF_2\\ES_6-EF_2\\ES_7-EF_2\end{Bmatrix}=\min\begin{Bmatrix}8-8\\8-8\\8-8\end{Bmatrix}=0$$

$$FF_3=\min\begin{Bmatrix}ES_6-EF_3\\ES_7-EF_3\end{Bmatrix}=\min\begin{Bmatrix}8-5\\8-5\end{Bmatrix}=3$$

$$FF_4=\min\{ES_5-EF_4\}=\min\{11-11\}=0$$

$$FF_5=\min\{ES_8-EF_5\}=\min\{14-12\}=2$$

$$FF_6=\min\begin{Bmatrix}ES_8-EF_6\\ES_9-EF_6\end{Bmatrix}=\min\begin{Bmatrix}14-14\\14-14\end{Bmatrix}=0$$

$$FF_7=\min\{ES_9-EF_7\}=\min\{14-11\}=3$$

$$FF_8=\min\{ES_{10}-EF_8\}=\min\{18-16\}=2$$

$$FF_9=\min\{ES_{10}-EF_9\}=\min\{18-18\}=0$$

$$FF_{10}=T_p-EF_{10}=18-18=0$$

（9）关键工作和关键线路的确定

单代号网络计划中,将相邻两项关键工作之间的间隔时间为 0 的关键工作连接起来而形成的自起点节点到终点节点的通路就是关键线路。因此本例中的关键线路是 $1\rightarrow2\rightarrow6\rightarrow9\rightarrow10$,用粗黑的箭线表示,如图 3.34 所示。

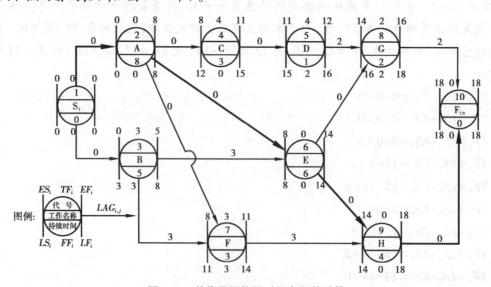

图 3.34　单代号网络图时间参数的计算

3.4 双代号时标网络计划

时标网络计划是以时间坐标为尺度编制的网络计划。本节介绍双代号时标网络计划(简称时标网络计划)。它的工作以实箭线表示,自由时差以波形线表示,虚工作以虚箭线表示。与无时标网络计划相比较,时标网络计划有以下特点:

①主要时间参数一目了然,具有横道图计划的优点,使用方便。

②由于箭线长短受时标制约,绘图比较麻烦,修改网络计划的工作持续时间时必须重新绘图。

③绘图时可以不进行计算。只有在图上没有直接表示出来的时间参数,如总时差、最迟开始时间和最迟完成时间,才需要进行计算。所以,使用时标网络计划可大大节省计算量。

双代号时标网络计划把横道进度计划的直观、形象等优点吸取到网络进度计划中,可以在图上直接分析出各种时间参数和关键线路,便于编制资源需求计划,是建筑工程施工中广泛采用的一种计划表达形式。

▶ 3.4.1 双代号时标网络计划的绘制步骤与方法

时标网络计划一般从工作的最早开始时间绘制,绘制方法有直接绘制法和间接绘制法两种。

1)绘制时间坐标图表

在图表上,每一格所代表的时间应根据具体计划的需要确定。当计划期较短时,可采用一格代表一天或两天绘制;当计划期较长时,可采用一格代表5天、一周、一旬、一个月等绘制。按自然数(1,2,3,…)排列的时标称为绝对坐标;按年、月、日排列的时标称为日历坐标;按星期排列的时标称为星期坐标。

2)将网络计划绘制到时标图表上

在绘制时标网络计划之前,一般需要先绘制出不带时标的网络计划,然后将其按下列方法绘制到时标图表上,形成时标网络计划。

(1)直接绘制法

直接绘制法是不用计算网络计划的时间参数,直接在时间坐标上进行绘制的方法。绘制步骤和方法是:

①将网络计划的起点节点定位在时标图表的起始时刻上。

②按工作持续时间的长短,在时标图表上绘制出以网络计划起点节点为开始节点的工作箭线。

③其他工作的开始节点必须在该工作的所有紧前工作箭线都绘出后,定位在这些紧前工作箭线最晚到达的时刻线上,当某项工作的箭线长度不足以达到该节点时,用波形线补足,箭头画在波形线与节点连接处。

④用上述方法自左向右依次确定其他节点位置,直到网络计划的终点节点定位绘完。网络计划的终点节点是在无紧后工作的工作箭线全部绘出后,定位在最晚到达的时刻线上。

（2）间接绘制法

间接绘制法是先计算网络计划的时间参数，再根据时间参数在时间坐标上进行绘制的方法。绘制步骤和方法是：

①先绘制双代号网络图，计算节点的最早时间参数，确定关键工作及关键线路。

②根据需要确定时间单位并绘制时标横轴。

③根据节点的最早时间确定各节点的位置。

④依次在各节点间绘出箭线及时差。绘制时先绘关键工作、关键线路，再绘非关键工作；如实箭线长度不足以达到工作的完成节点时，用波形线绘制工作和虚工作的自由时差来补足，箭头画在波形线与节点连接处。

⑤用虚箭线连接各有关节点，将有关的工作连接起来。当虚箭线有时差且其末端有垂直部分时，其垂直部分用虚线绘制。

▶ **3.4.2 双代号时标网络计划的绘制示例**

【例3.6】 试将图3.35所示的双代号无时标网络计划绘制成带有绝对坐标、日历坐标、星期坐标的时标网络计划。假定开工日期为2009年4月11日（星期三），根据有关规定，每星期安排6个工作日（即星期日休息）。

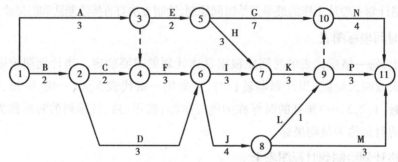

图3.35 双代号无时标网络计划

【解】 首先按要求绘制时标图表，然后根据直接绘制方法将图3.35所示的双代号无时标网络计划绘制到图表上，如图3.36所示。

【例3.7】 试将图3.37所示的双代号无时标网络计划绘制成带有绝对坐标的时标网络计划。

【解】 本例采用间接绘制方法，其绘制过程与方法：

（1）计算双代号无时标网络计划的各工作时间参数，如图3.38所示。

（2）将网络计划的起点节点定位在时标图表的起始时刻上。

（3）按工作持续时间的长短，在时标图表上绘制出以网络计划起点节点为开始节点的工作箭线。

（4）其他工作的开始节点必须在该工作的所有紧前工作箭线都绘出后，定位在这些紧前工作箭线最晚到达的时刻线上，某些工作的箭线长度不足以达到该节点时，用波形线补足，箭头画在波形线与节点连接处。

（5）用上述方法自左向右依次确定其他节点位置，直到网络计划的终点节点定位绘完，网络计划的终点节点是在无紧后工作的工作箭线全部绘出后，定位在最晚到达的时刻线上。

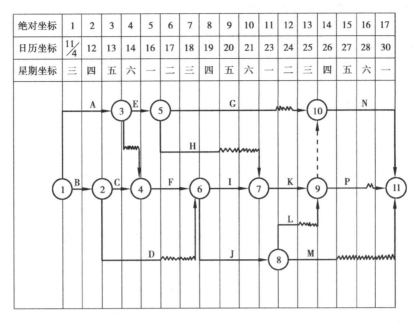

图 3.36　双代号时标网络计划绘制结果

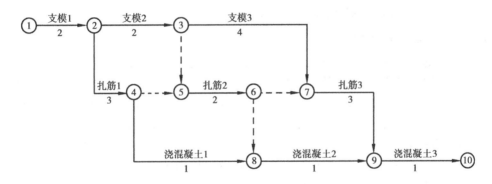

图 3.37　双代号无时标网络计划

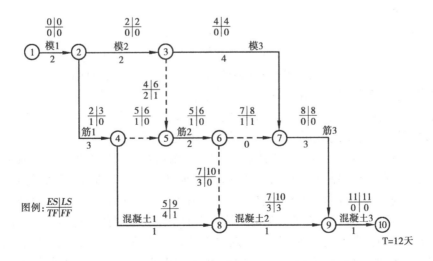

图 3.38　双代号无时标网络计划的各工作时间参数计算

双代号时标网络计划绘制结果如图 3.39 所示。

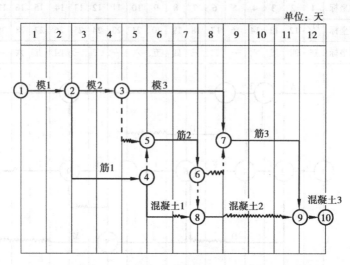

图 3.39　双代号时标网络计划绘制结果

► 3.4.3　时标网络计划的分析

下面结合图 3.39,对时标网络计划进行分析:

1)虚工作(虚箭线)分析

在网络计划中,各项(实)工作之间的逻辑关系有工艺关系和组织关系两种。在绘制双代号网络计划过程中,有时需要引用虚工作(虚箭线)表达这两种连接关系。根据虚工作的概念,它是不需要时间的,而在时标网络计划中,有的虚工作(虚箭线)却占有了时间长度,如图3.39 中的虚工作(虚箭线)③→⑤和⑥→⑦。连接组织关系的虚工作(虚箭线)占有时间长度,意味着该段时间内作业人员出现间歇(可能是窝工);连接工艺关系的虚工作(虚箭线)占有时间长度,意味着该段时间内工作面发生空闲。在划分工作面(施工段)、安排各项工作的持续时间时,应尽量避免这些现象出现。

2)时间参数分析

①网络计划的工期。时标网络计划的终点节点到达的时刻即为网络计划的工期,如图3.39 的节点⑩所在的时刻 12,即为工期(即是计划工期,也是计算工期)。

②节点的时间参数。在按上述绘制方法绘制的双代号时标网络计划中,每个节点的所在时刻即为该节点的最早时间。在不影响工期的前提下,将每个节点最大可能地向右推移(要保持各项工作的持续时间不变,但作业的起止时间可以变化),所能到达的时刻即为该节点的最迟时间,如图 3.39 中,节点⑤的最早时间为 5 d,最迟时间为 6 d。

③工作的时间参数。在时标网络计划中,每根箭线的水平长度即为它所代表工作的持续时间。按上述绘制方法绘制的时标网络计划,称为早时标网络计划(即每项工作箭线均按最早开始时间绘制)。在早时标网络计划中,每项工作开始节点所在的时刻即为该工作的最早开始时间;每根箭线结束点所在的时刻即为该工作的最早完成时间。每项箭线后面的波形线长度即为该工作的自由时差。在不影响工期的前提下,将每项工作箭线最大可能地向后推移之后,该工作箭线的开始时刻即为该工作的最迟开始时间,工作箭线结束点所到的时刻即为

该工作的最迟完成时间,每项工作箭线从最早开始时刻到最迟开始时刻之间的距离就是该工作的总时差。如图 3.39 中,工作④→⑧的最早开始时间为 5 d,最早完成时间为 6 d,自由时差为 1 d,最迟开始时间为 9 d,最迟完成时间为 10 d,总时差为 4 d。

3.5 网络计划的优化

网络计划的优化是指在满足具体约束条件下,通过对网络计划的不断调整处理,寻求最优网络计划方案,达到既定目标的过程。网络计划的优化分为工期优化、资源优化和费用优化 3 种。

▶ 3.5.1 网络计划的工期优化

所谓工期优化,是指网络计划的计算工期 T_c 不满足要求工期 T_r 时,在不改变网络计划各项工作之间逻辑关系的前提下,通过压缩关键工作的持续时间以满足要求工期目标的过程。

1)缩短关键工作的持续时间应考虑的因素

①缩短对质量和安全影响不大的工作的持续时间。

②有充足备用资源的工作。

③缩短所需增加费用最少的工作的持续时间。

2)工期优化的步骤

进行工期优化时,常遵循"向关键线路上的关键工作要时间"的原则,依照如下步骤进行:

①计算并找出网络计划的计算工期、关键线路及关键工作。

②按要求工期计算应缩短的持续时间。

③确定各关键工作能缩短的持续时间。

④按上述因素选择关键工作,压缩其持续时间,并重新计算网络计划的计算工期。

⑤当计算工期 T_c 仍然超过要求工期 T_r 时,则重复以上步骤,直至计算工期满足要求工期为止。

⑥当所有关键工作的持续时间都已达到其能缩短的极限而工期仍不能满足要求时,应对原组织方案进行调整或对要求工期 T_r 重新审定。

【例 3.8】 某工程网络计划如图 3.40 所示,图中括号内数据为工作最短持续时间。而按合同规定该工程的工期为 100 d,试对该网络计划工期优化。

【解】 ①用工作正常持续时间计算时间参数,找出网络计划的计算工期、关键线路及关键工作,如图 3.41 所示。计算得总工期为 160 d,关键线路为①→③→④→⑥,关键工作为①→③、③→④、④→⑥。

②根据约束条件,先将网络图终点节点的最迟时间改为合同规定的要求工期 $T_r = 100$ d,然后采用倒算法,求出各工作的时间参数,如图 3.42 所示。

由图 3.42 可知,原关键线路上的工作总时差为 −60 d,说明该线路上的工作应压缩 60 d;此外非关键工作①→②、②→③也出现总时差为 −50 d,说明在①→②→③线路上可能要压缩 50 d;③→⑤出现总时差 −30 d,⑤→⑥出现总时差 −40 d,说明在该线路上可能要压缩 30 d 或 40 d。

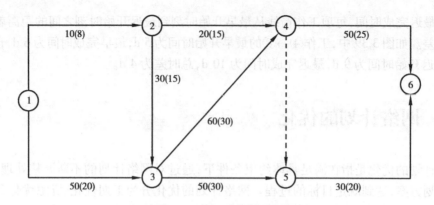

图 3.40　某工程网络计划

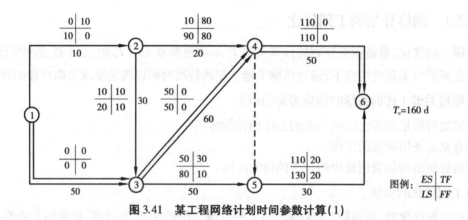

图 3.41　某工程网络计划时间参数计算(1)

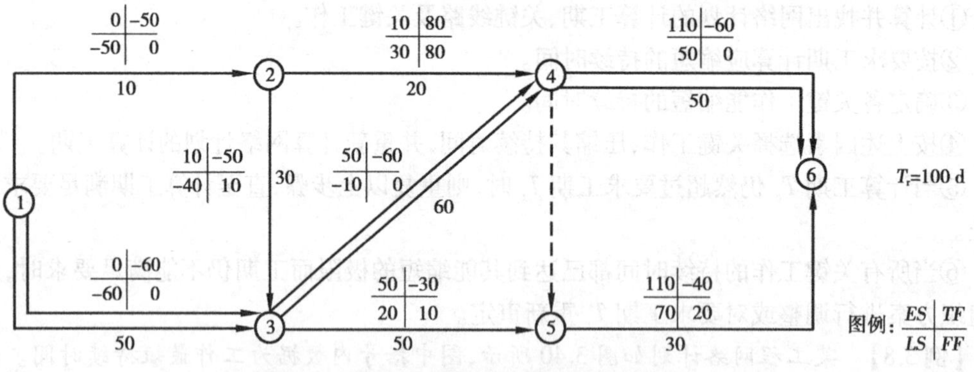

图 3.42　某工程网络计划时间参数计算(2)

根据图 3.40 中的数据,关键工作①→③可压缩 30 d;关键工作③→④可压缩 30 d;关键工作④→⑥可压缩 25 d,这样原关键线路总计可压缩的工期为 85 d。由于只需 60 d,且考虑各种因素,因缩短工作④→⑥劳动力较多,故仅压缩 10 d,另外两项工作则分别压缩 20 d 和 30 d,重新计算网络计划工期,如图 3.43 所示,图中标出了新的关键线路,工期为 120 d。

③计算工期 120 d 仍然超过要求工期 100 d,第一次压缩后不能满足工期要求,且关键线路已经发生变化,故再做第二次压缩。按要求工期尚需压缩 20 d,仍然根据前述原则,选择②→③、③→⑤较宜,这两个工作可分别压缩 15 d、20 d,用其最短工作持续时间置换工作②→③和工作③→⑤的正常持续时间,重新计算网络计划,如图 3.44 所示。对其进行计算,可知已

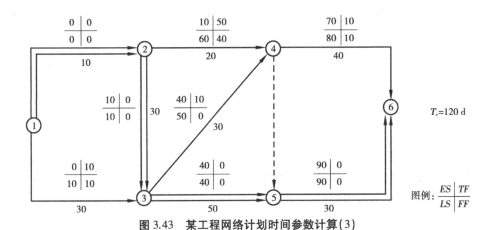

图 3.43　某工程网络计划时间参数计算(3)

满足工期要求。

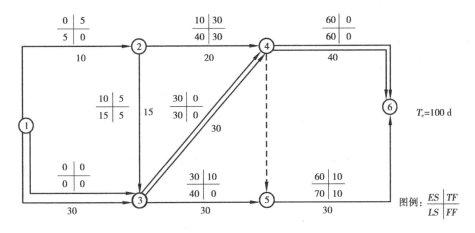

图 3.44　某工程网络计划时间参数计算(4)

▶ 3.5.2　网络计划的资源优化

资源是指完成工作或工程所需的人力、材料、机械设备和资金的统称。网络计划不仅要进行工期优化,还应考虑资源的平衡问题,甚至还要适当调整工期,以保证资源的合理使用。资源优化的目的是在一定资源的条件下,寻求最短工期,或在一定工期的条件下,使得投入的资源最少或均衡。因此,资源优化有"工期固定,资源均衡"和"资源有限,工期最短"两种类型。

1)资源优化的内容

①计算各工作的恰当持续时间和合理的资源用量。

②当某一资源被多项工作使用时,要统筹规划、合理安排。

③为使资源合理使用、配备,必要时适当调整(缩短或延长)总工期。

④单一资源优化分别进行,然后在此基础上综合进行资源优化。

2)"工期固定,资源均衡"优化

在网络计划编制、计算之后,必须根据各工作的资源需要量、持续时间和时间参数,考虑各工作的机动时间(总时差),进行资源均衡处理。

所谓工期固定,是指要求工程在国家颁布的工期定额、合同工期或指令性工期指标范围内完成。一般情况下,网络计划的工期不能超过有关规定。在工期规定下求资源均衡安排问题,就是希望高峰值减少到最低程度。目前多用"削高峰法",借助于横道图加以分析并实现优化。

(1)资源优化的主要原则

①优先保证关键工作对资源的需求。

②充分利用总时差,合理错开各工作的开工时间,尽可能使资源连续均衡的使用。

(2)资源优化的具体步骤

①计算出网络计划中各工作的时间参数。

②依照各工作最早开始时间、各工作的持续时间,画出各工作的时间横道图表。

③绘出资源用量的时间分布图。

④若资源用量时间分布图不均衡,采取适当推后某些具有总时差的工作的开工时间,使资源用量趋于均衡或基本均衡。

(3)资源优化示例

【例3.9】 某项工程的网络计划如图3.45所示,其中A、B、C、D、E、F、G和H工作,所需工人数分别为18、2、10、16、6、12、4和4人。试进行该工程网络计划的劳动资源均衡优化。

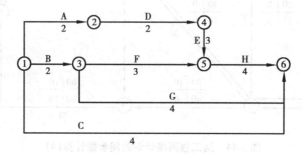

图3.45 某项工程的网络计划

【解】 ①计算图3.45的时间参数,如图3.46所示。

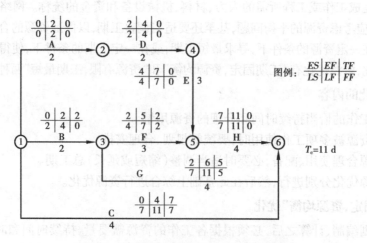

图3.46 某项工程的网络计划时间参数计算

②根据图 3.46 的计算结果,绘制各工作的时间横道图及资源用量的时间分布图,如图 3.47 所示。

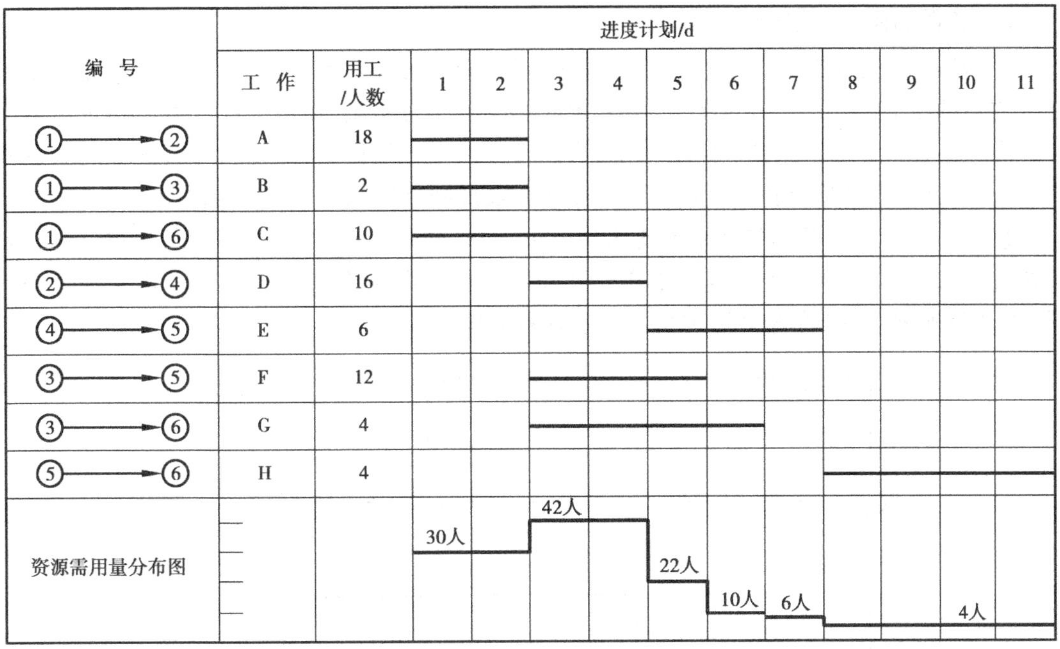

编　号	工　作	用工/人数	进度计划/d										
			1	2	3	4	5	6	7	8	9	10	11
①—②	A	18	────										
①—③	B	2	────										
①—⑥	C	10	────────										
②—④	D	16			────────								
④—⑤	E	6					────────						
③—⑤	F	12			────────								
③—⑥	G	4			────────								
⑤—⑥	H	4								────────			
资源需用量分布图			30人		42人		22人	10人	6人			4人	

图 3.47　各工作的时间横道图及资源用量的时间分布图

③由图 3.47 的资源需用量时间分布图可以明显看出最高人数 42 人,最少人数 4 人,平均人数约 10 人,而劳动力不均衡系数约为 4.05,劳动力资源分布十分不均衡。因此我们将存在总时差的 B、C、F 和 G 工作的开工时间适当先后推移,以能够消除资源用量的不均衡性,具体调整和结果如图 3.48 所示。

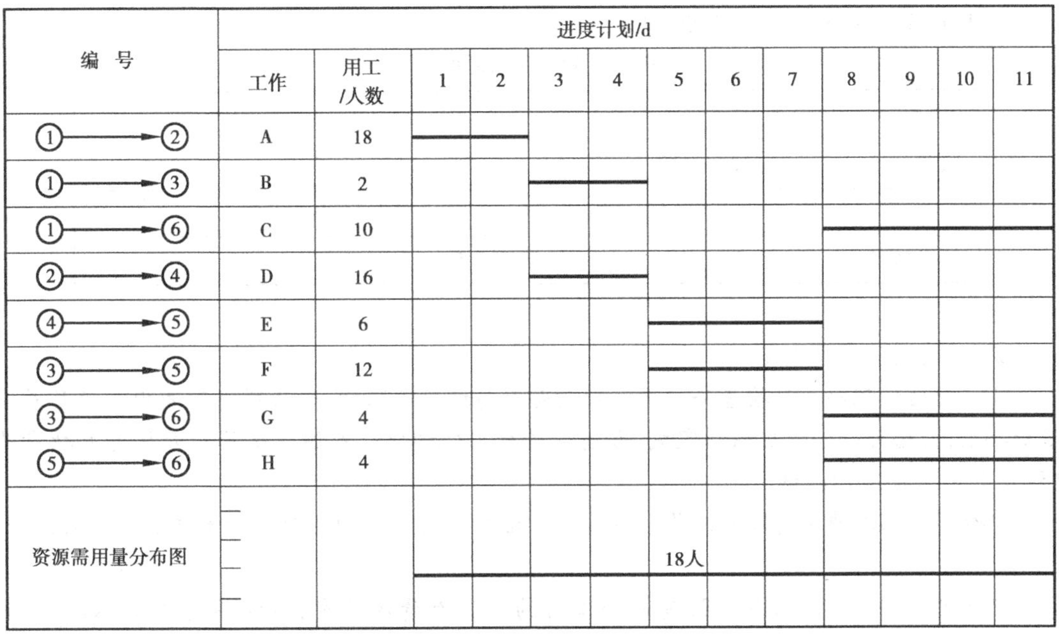

编　号	工　作	用工/人数	进度计划/d										
			1	2	3	4	5	6	7	8	9	10	11
①—②	A	18	────────										
①—③	B	2			────								
①—⑥	C	10								────────			
②—④	D	16			────────								
④—⑤	E	6					────────						
③—⑤	F	12					────────						
③—⑥	G	4					────────						
⑤—⑥	H	4								────────			
资源需用量分布图							18人						

图 3.48　经调整后各工作的时间横道图及资源用量的时间分布图

④由图3.48可知,经过调整后的计划,每天的出勤人数为18人,劳动力不均衡系数为1.00,可以看出其资源需用量时间分布非常均衡,从而达到了资源优化的目的。

3)"资源有限,工期最短"的优化

"资源有限,工期最短"的优化问题,必须在网络计划编制后进行。由于不能改变各工作之间先后顺序关系,因而采用数学方法求解此类问题十分复杂,而目前的计算方法也只能得到比原方案较优。为了达到一定的精度,我们将分两个方面讨论,即初始可行方案的编制和调整。为了说明如何编制满足约束条件(资源有限)的网络计划,下面举例说明。

【例3.10】 某工程网络计划如图3.49所示,该计划是一个时标网络计划,图中箭线下方为工作持续时间,箭线上方为工作每日所消耗资源需用量,现假定每天只有9名工人可供使用,那么如何安排各工作的时间才能使工期达到最短?

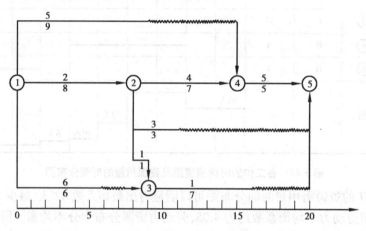

图3.49 某工程时标网络计划及资源需用量

【解】 求解步骤为:

第1步:计算每日资源需用量,见表3.5。

表3.5 每日资源需用量表

工作日	1	2	3	4	5	6	7	8	9	10	11
资源数量	13	13	13	13	13	13	7	7	13	8	8
工作日	12	13	14	15	16	17	18	19	20		
资源数量	5	5	5	5	6	5	5	5	5		

第2步:调整资源冲突。

①从开始日期起逐日检查每日资源数量是否超过资源限额,如果所有时间内均满足资源限额要求,初始可行方案就编制完成,否则须进行工作调整。本例网络计划开始资源数量为13,大于9,必须进行调整。

②分析资源有冲突时段的工作。在第1 d至第6 d,资源冲突时段中有工作1—4,1—2,1—3。

③确定调整工作的次序。设有两个工作为i、j,有资源冲突,不能同时施工,如图3.50所示。

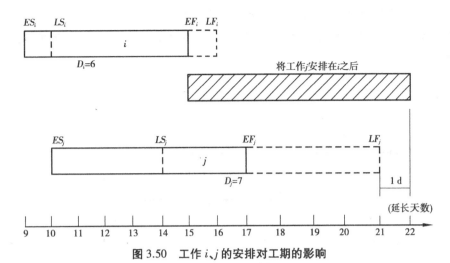

图 3.50 工作 i、j 的安排对工期的影响

根据网络计划时间参数计算,工作 i 和 j 的有关资源见表3.6。

表 3.6 工作 i、j 的时间参数

工作名称	时间参数			
	ES	EF	LS	LF
i	9	15	10	16
j	10	17	14	21

如果把工作 j 安排在 i 之后进行,则工期延长:

$$\Delta D_{i-j} = EF_i + D_j - LF_j = EF_i - (LF_j - D_j) = EF_i - LS_j$$

本例中,$EF_i - LS_j = 15 - 14 = 1$,即延长工期 1 d;如把 i 安排在 j 之后,则将延长工期:

$$\Delta D_{j-i} = EF_j - LS_i = 17 - 10 = 7 \text{ d}$$

比较两种方案之后,确定选择前一个方案,即延长工期最短的方案。

因此,安排工作先后顺序时,可将发生资源冲突的各工作每次取两个进行排列,找出各种可能的调整方案,然后逐一计算其延长时间,最后按照延长时间最小的排列方法来调整计划。即把各工作中 TLS 值最大的工作移置于 TEF 值最小的工作之后。如果 TEF 最小值和 TLS 最大值同属一个工作,就应找出 TEF 值为次小、TLS 值为次大的工作分别组成两个方案,再从中选取较优的。

现在分析网络图(图 3.49),工作 1—4、1—2、1—3 有资源冲突,分别计算 ΔD 值见表 3.7(ΔD 的下标为表中工作的顺序号)。

表 3.7 ΔD_{i-j} 值计算表

工作名称		TEF_{i-j}	TLS_{i-j}	ΔD_{1-2}	ΔD_{1-3}	ΔD_{2-1}	ΔD_{2-3}	ΔD_{3-1}	ΔD_{3-2}
1	1—4	9	6	9	2				
2	1—2	8	0			2	1		
3	1—3	6	7					0	6

ΔD_{i-j}值小于或等于零,说明工作j安排在工作i之后工期不会增加。

在本例中工作1—4安排在工作1—3后,相应工期增加为零,绘制新的网络图,如图3.51。再转至第一步。

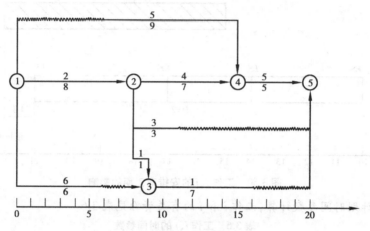

图3.51 根据表3.7绘制的新网络图

按图3.51计算每日资源数量,见表3.8,逐日检查该表,发现在第9 d资源又发生冲突,有工作1—4、2—4、2—3、2—5,计算ΔD_{i-j},确定ΔD_{i-j}最小值应是$\Delta D_{3-4}=-8$,选择工作2—5安排在工作2—3之后。再分析资源是否有冲突,工作2—5最早开始时间调整后,剩下工作有1—2、2—4、2—3,资源数量仍有冲突,考虑ΔD_{i-j}最小值,利用表3.9中的数据,不必重新计算,考虑新的ΔD_{i-j}最小值时,表3.9中凡与工作2—5有关的ΔD_{i-j}值已失去意义,可以不再考虑。这样ΔD_{i-j}的最小值就是$\Delta D_{2-3}=1$,应把工作2—4安排在工作2—3之后,工期增加1 d,绘制新的网络图,再转至第一步。至此,资源冲突已全部获得解决,得到初步可行方案。

表3.8 每日资源需用量表

工作日	1	2	3	4	5	6	7	8	9	10
资源数量	8	8	8	8	8	8	7	7		
工作日	11	12	13	14	15	16	17	18	19	20
资源数量	13	10	10	10	10	6	5	5	5	5

表3.9 ΔD_{i-j}计算表

工作名称		EF_{i-j}	LS_{i-j}	ΔD_{1-2}	ΔD_{2-3}	ΔD_{1-4}	ΔD_{2-1}	ΔD_{2-3}	ΔD_{2-4}	ΔD_{3-1}	ΔD_{3-2}	ΔD_{3-4}	ΔD_{4-1}	ΔD_{4-2}	ΔD_{4-3}
1	1—4	15	6	7	3	-2									
2	2—4	15	8				9	3	-2						
3	2—3	9	12							3	1	-8			
4	2—5	11	17										5	3	-1

④画出初始可行方案图。

本例经过3次调整后,得到优化方案,如图3.52所示,其每日资源需要量见表3.10。与初始方案比较,工期增加了 2 d,资源高峰下降了 4 个单位。

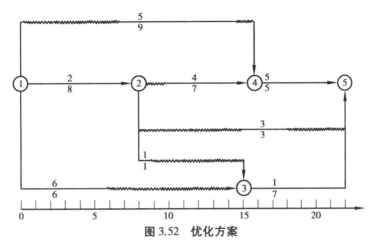

图 3.52　优化方案

表 3.10　按初始可行方案的每日资源需用量表

工作日	1	2	3	4	5	6	7	8	9	10	11
资源数量	8	8	8	8	8	8	7	7	6	9	9
工作日	12	13	14	15	16	17	18	19	20	21	22
资源数量	9	9	9	9	8	4	9	6	6	6	6

▶ 3.5.3　网络计划的费用优化

1)时间和费用的关系

　　工程的成本是由直接费用和间接费用组成的,而直接费用是由材料费、人工费及机械费等构成。采用施工方案不同,费用差异也很大。同是钢筋混凝土框架结构的建筑,可以采用预制装配方案,也可以采用现浇方案。采用现浇方案时,可以采用塔式起重机及吊斗作为混凝土运输的主要设备,也可以采用混凝土泵或其他运输方法;模板可以用木模,也可以用定型钢模板等。间接费用包括施工组织管理的全部费用。在考虑工程总成本时,还应考虑可能因拖延工期而被罚款的损失或提前竣工而得到的奖励,甚至也应考虑因提前投产而获得的收益等。

　　费用优化是网络计划优化的重要内容。所谓网络计划的费用优化,是指综合考虑工程的总工期和总费用二者的关系,寻求既使总工期尽可能短,又使工程总费用最低的一种方法。网络计划的费用优化又称"工期—成本"优化。

　　间接费用和直接费用与工期的关系如图 3.53 所示。图中的总费用为直接费用与间接费用迭加而成。总费用曲线在 P 点为最小费用 C_p,所对应的 T_p 为最优工期。

　　由于间接费用基本与工期成正线性关系,计算方便,所以在费用优化中,主要分析直接费用与工期的关系。图 3.54 表示的是直接费用与工期的关系。图中 T_0 和 T_n 分别为完成工作的最短和正常持续时间,C_0 和 C_n 为 T_0 和 T_n 相应的直接费用。通过图 3.54 可求出缩短单位时间直接费用的增长率(即费用率)C_T:

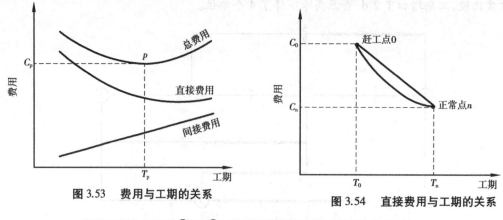

图 3.53　费用与工期的关系　　　　图 3.54　直接费用与工期的关系

$$C_T = \frac{C_0 - C_n}{T_n - T_0} = \frac{赶工费用 - 正常费用}{正常时间 - 赶工时间}$$

2）费用优化的步骤及原则

（1）费用优化的步骤

①按各工作正常持续时间,求出网络计划的关键线路、工期、直接费用和总费用。

②在赶工时间限制内,压缩直接费用增长率最小的关键工作的持续时间,并计算其直接费用。

③计算总费用,与上次结果比较,若大于上次计算的总费用,则停止计算,说明上次结果为最优。否则,进行上一步骤。

（2）费用优化应遵循的原则

①压缩关键线路上直接费用增长率最小的工作时间,以使直接费用增加最少,来缩短总工期。

②在网络图中存在多条关键线路时,若继续进行优化,就需要同时缩短这些线路中某些工作的持续时间。

③同时压缩多个并行工作的持续时间时,既要考虑赶工时间的限制,又要考虑这些工作持续时间的时间差数的限制,应取这两个限制的最小值。

3）费用优化示例

【**例** 3.11】　某工程双代号网络计划如图 3.55 所示。若间接费用每天为 1 100 元,直接费用资料见表 3.11。试寻求工期最短且总费用最少的网络计划的费用优化方案。

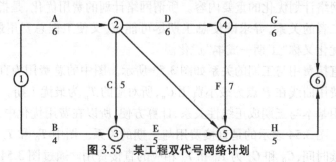

图 3.55　某工程双代号网络计划

表 3.11　直接费用资料

| 编　号 | 工　作 | 持续时间/d | | 工作费用/千元 | | 费用增长率/（千元·d⁻¹） |
		正常（C_n）	赶工（C_0）	正常（T_n）	赶工（T_0）	
①→②	A	6	6	2.1	—	—
①→③	B	4	3	2.0	3.6	1.60
②→③	C	5	3	2.4	6.2	1.90
②→④	D	6	3	3.8	7.4	1.20
③→⑤	E	5	2	3.0	5.1	0.70
④→⑤	F	7	3	4.2	6.8	0.65
④→⑥	G	6	6	4.1	—	—
⑤→⑥	H	5	3	3.6	7.2	1.80
合　计				25.2		

【解】　根据图 3.55 的正常持续时间,计算出网络图的总工期为 24 d;关键线路为①→②→④→⑤→⑥,如图 3.56 所示;所需总费用为:

$$T_1 = 正常直接费用 + 赶工直接费用 + 间接费用 =$$
$$25.2 千元 + 0 + 1.1 × 24 千元 = 51.60 千元$$

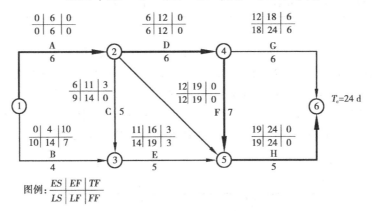

图 3.56　某工程双代号网络计划时间参数计算

第 1 次压缩:由表 3.12 知,关键工作 A、D、F、H 工作的直接费用增长率最小者为 F 工作 (0.65 千元/d)。由图 3.56 知,除了关键工作外,其余工作的总时差的最小值为 3 d,而 F 工作可压缩 4 d。故只能压缩 F 工作 3 d,才使原关键线路不变。压缩 F 工作 3 d 后,重新计算总工期、总时差和总费用,计算网络图如图 3.57 所示。

由图 3.57 知,总工期为 21 d,除了原关键线路不变外,又增加了一条①→②→③→⑤→⑥的关键线路。那么,所需的总费用 T_2 为:

$$T_2 = 25.2 千元 + 0.65 × 3 千元 + 1.1 × 21 千元 = 50.25 千元$$

由于 $T_2 = 50.25$ 千元,小于 $T_1 = 51.60$ 千元,故还可以继续压缩。

第 2 次压缩:若再缩短工期,还有 5 种方式可供选择,见表 3.12。

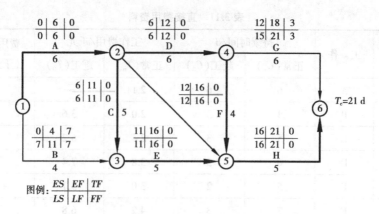

图例: $\dfrac{ES\ |\ EF\ |\ TF}{LS\ |\ LF\ |\ FF}$

图 3.57 第 1 次压缩后某工程双代号网络计划时间参数计算

表 3.12 缩短工期的几种方式

赶工方式	赶工 1 d 增加的直接费用/(千元·d⁻¹)
1.缩短 H 工作 1 d	1.80
2.缩短 D 和 C 工作各 1 d	1.20+1.90=3.10
3.缩短 D 和 E 工作各 1 d	1.20+0.70=1.90
4.缩短 E 和 F 工作各 1 d	0.70+0.65=1.35
5.缩短 C 和 F 工作各 1 d	1.90+0.65=2.55

由表 3.12 可知,选择赶工方式 4,所增加的直接费用最低,为 1.35 千元/d。而 F 工作仅有 1 d 可赶工了,故采取 E、F 各缩短 1 d 方式,重新计算网络图的时间参数如图 3.58 所示。经过缩短 E、F 工作各 1 d 后,总工期为 20 d,关键线路不变。那么,所需总费用 T_3 为:

$$T_3 = 25.2\ \text{千元} + (0.65 \times 3 + 1.35 \times 1)\ \text{千元} + 1.1 \times 20\ \text{千元} = 49.15\ \text{千元}$$

由于 $T_3 = 49.15$ 千元,小于 $T_2 = 50.25$ 千元,故还有可能继续缩短工期。

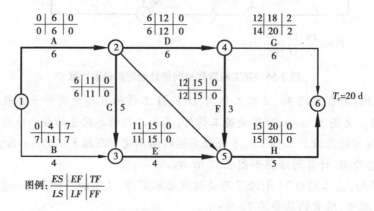

图例: $\dfrac{ES\ |\ EF\ |\ TF}{LS\ |\ LF\ |\ FF}$

图 3.58 第 2 次压缩后某工程双代号网络计划时间参数计算

第 3 次压缩:由表 3.12 可知,除了赶工方式 4 外,赶工方式 1 增加的直接费用为最小,为

1.80 千元/ d。故先压缩 H 工作 1 d。再重新计算网络图时间参数,如图 3.59 所示。经过计算可知,总工期为 19 d,关键线路仍不变。那么所需总费用 T_4 为:

$$T_4 = 25.2 \text{ 千元} + (0.65 \times 3 + 1.35 \times 1 + 1.80 \times 1) \text{ 千元} + 1.1 \times 19 \text{ 千元}$$

$$= 51.20 \text{ 千元}$$

因为 $T_4 = 51.20$ 千元,大于了 $T_3 = 49.15$ 千元,因此,经过第 2 次压缩后,仅将 E、F 工作分别压缩持续时间 1 d 和 3 d,便使原网络计划达到了工期最短、费用最少,实现了费用优化。此时,最短总工期为 20 d,最少总费用为 49.15 千元。

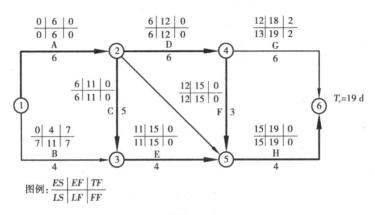

图例:$\dfrac{ES \mid EF \mid TF}{LS \mid LF \mid FF}$

图 3.59 第 3 次压缩后某工程双代号网络计划时间参数计算

思考题

1.什么是网络计划技术? 其与横道图比较有何特点?

2.网络计划技术的基本原理是什么?

3.网络计划有哪几种类型?

4.什么是双代号网络计划? 它是怎样表示的?

5.双代号网络图是由哪几个要素组成?

6.简述双代号网络图绘制基本规则。

7.什么是逻辑关系? 网络图中有哪几种逻辑关系? 有何区别? 试举例说明。

8.为什么要计算网络图的时间参数? 计算网络图时间参数的目的是什么?

9.何谓时差、总时差及自由时差?

10.何谓关键工作、关键线路? 如何确定关键线路? 它有何特点?

11.什么是单代号网络计划? 它是怎样表示的?

12.什么是时标网络计划? 如何绘制双代号时标网络计划?

13.什么是网络计划的优化? 网络计划的优化有哪几种?

14.试述工期优化的方法与步骤。

15.试述资源优化的主要原则和步骤。

16.什么是网络计划的费用优化?

17.网络计划费用优化的步骤和应遵循的原则是什么?

习 题

1.用双代号网络图、单代号网络图的形式表达下列各小题工作之间的逻辑关系:

(1)A、B 的紧前工作为 C;B 的紧前工作为 D。

(2)H 的紧后工作为 A、B;F 的紧后工作为 B、C。

(3)A、B、C 完成后进行 D;B、C 完成后进行 E。

(4)A、B 完成后进行 H;B、C 完成后进行 F;C、D 完成后进行 G。

(5)A 的紧后工作为 B、C、D;B、C、D 的紧后工作为 E;C、D 的紧后工作为 F。

(6)A 的紧后工作为 M、N;B 的紧后工作为 N、P;C 的紧后工作为 N、P。

(7)H 的紧前工作为 A、B、C;F 的紧前工作为 B、C、D;G 的紧前工作为 C、D、E。

2.根据表 3.13 给出的各施工过程的逻辑关系,绘制双代号网络图并进行节点编号。

表 3.13　各施工过程的逻辑关系

施工过程	A	B	C	D	E	F	G	H	I	J	K
紧前工作	—	A	A	A	B	C	D	E,C	F	F,G	H,I,J
紧后工作	B,C,D	E	F,H	G	H	I,J	J	K	K	K	—
持续时间/d	2	3	4	5	6	2	2	5	5	6	3

3.根据表 3.14 中各项工作的逻辑关系,绘制其单代号网络图。

表 3.14　某分部工程各施工过程的逻辑关系

工作名称	紧前工作	紧后工作	持续时间/d
A	—	B,E,C	3
B	A	D,E	6
C	A	G	8
D	B	E,G	2
E	A,B	F	5
F	D,E	G	1
G	D,F,C	—	7

4.根据表 3.15~表 3.16 中各工作的逻辑关系,绘制其双代号、单代号网络图。

表3.15 各工作的逻辑关系(1)

工 作	A	B	C	D	E	G	H	I	J	K
紧前工作	—	A	A	A	B	C,D	D	B	E,H,G	G

表3.16 各工作的逻辑关系(2)

工 作	A	B	C	D	E	G	H	I	J	K
紧前工作	—	A	A	B	B	D	G	E,G	C,E,G	H,I

5.已知各工作的逻辑关系如表3.17所示,绘制其双代号、单代号网络图。

表3.17 各工作的逻辑关系

紧前工作	工 作	持续时间/d	紧后工作
—	A	3	Y,B,U
A	B	7	C
B,V	C	5	D,X
A	U	2	V
U	V	8	E,C
V	E	6	X
C,Y	D	4	—
A	Y	1	Z,D
E,C	X	10	—
Y	Z	5	—

6.用图上计算法计算习题5所示网络计划的各工作时间参数,并找出关键线路,用双箭线表示。

7.根据表3.18给出的数据,绘制其双代号网络图和单代号网络图,并用图上计算法计算各工作的时间参数 ES、EF、LF、LS、TF、FF,找出关键线路用双箭线表示。

表3.18 各工作逻辑关系

工作代号	持续时间/d	工作代号	持续时间/d	工作代号	持续时间/d
1—2	20	2—4	8	4—5	30
1—3	40	3—5	0	5—6	20
1—6	28	3—6	10	5—7	24

续表

工作代号	持续时间/d	工作代号	持续时间/d	工作代号	持续时间/d
6—8	10	8—10	10	10—11	4
7—8	12	8—11	6	11—12	4
8—9	0	9—10	6	12—13	3

8.已知工程网络计划各工作之间的逻辑关系和持续时间见表3.19。如果该计划拟于2009 年 7 月 24 日(星期五)开始(每星期日休息),试绘制其带有绝对坐标、日历坐标和星期坐标的双代号时标网络计划。

表 3.19　某单位工程施工逻辑关系

工 作	A	B	C	D	E	F	G	H	I
紧前工作	—	—	A	A	C	E	D,E	B,D,E	F,G
持续时间/d	2	4	2	3	3	2	3	6	2

9.已知某工程计划资料见表3.20。

表 3.20　某工程计划资料

工 作	紧前工作	持续时间/d	工 作	紧前工作	持续时间/d
A	—	5	F	A,B,D	4
B	—	6	G	C	8
C	—	4	H	E,F	4
D	C	3	I	E,F	5
E	A	5	J	H,G,B,D,A	6

(1)试绘制其双代号网络计划,并计算节点时间参数、工作时间参数及总时差、自由时差,进而标出关键线路。

(2)若题中,A、B、D 工作不可压缩,C、E、F、H 工作可各压缩 1 d,I、G、J 工作可各压缩 3 d,而工程要求总工期为 15 d,试对该计划进行工期优化。

10.已知某工程资料如表3.21,试进行人员均衡调整。

表 3.21　某工程资料

工 作	紧后工作	持续时间/d	用工/人
A	—	2	8
B	D,E	4	8
C	E	4	2
D	—	4	2
E	—	2	8

11.某工程网络计划如图 3.60 所示,其中箭线上边的数字表示该工序每天需要的资源数量(劳动力人数),箭线下边的数字表示完成该工序所需要的时间,现每天可供的劳动力总数不能超过 8 人,试求出完成该计划的最短工期。

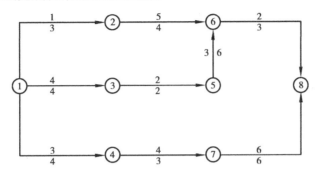

图 3.60　某工程双代号网络计划

12.若某工程项目的间接费用每天为 0.8 千元,其各工作之间的逻辑关系和直接费用的资料见表 3.22,试确定工期最短且总费用最少的网络费用优化方案。

表 3.22　各工作的逻辑关系及直接费用资料

工　作	紧后工作	持续时间/d		直接费用/千元	
		正常(C_n)	赶工(C_0)	正常(T_n)	赶工(T_0)
A	C,D	5	2	6.0	7.2
B	E,F	9	6	8.0	9.8
C	G,H	10	7	9.0	10.5
D	E,F	2	1	2.0	2.2
E	H,G	3	2	2.4	2.5
F	H	5	2	4.6	7.0
G	—	7	3	6.0	8.8
H	—	9	6	8.6	9.5

单位工程施工组织设计

【本章导读】本章主要介绍单位工程施工组织设计概述、施工方案设计、单位工程施工进度计划的编制、单位工程施工平面图设计等内容。要求掌握单位工程施工组织设计的作用、编制依据和内容;掌握单位工程施工方案的设计,能够编制一般单位工程的施工方案;掌握单位工程施工进度计划编制的方法和步骤,能够编制一般单位工程的进度计划;掌握单位工程施工现场平面布置图设计,能够设计一般单位工程的施工平面图。

4.1 单位工程施工组织设计概述

单位工程施工组织设计是以单位工程为对象编制的,是规划和指导单位工程从施工准备到竣工验收全过程施工活动的技术经济文件,是施工组织总设计的具体化,也是施工单位编制季度、月份施工计划,分部(分项)工程施工方案,以及劳动力、材料、机械设备等供应计划的主要依据。它编制得是否合理对能否中标和取得良好的经济效益起着重要作用。

▶ 4.1.1 单位工程施工组织设计的作用

单位工程施工组织设计的作用主要表现在以下几个方面:

①贯彻施工组织总设计的精神,具体实施施工组织总设计对该单位工程的规划安排。

②选择确定合理的施工方案,提出具体的质量、安全、进度、成本保证措施,落实建设意图。

③编制施工进度计划,确定科学合理的各分部分项工程间的搭接配合关系,以实现工期目标。

④计算各种资源需要量,落实资源供应,做好施工作业准备工作。

⑤设计符合施工现场情况的平面布置图,使施工现场平面布置科学、紧凑、合理。

▶ 4.1.2 单位工程施工组织设计的内容

单位工程施工组织设计的内容,应根据工程的性质、规模、结构特点、技术复杂程度、施工现场的自然条件、工期要求、采用先进技术的程度、施工单位的技术力量及对采用新技术的熟悉程度来确定。对其内容和深度、广度的要求不强求一致,应以讲究实效、在实际施工中起指导作用为目的。

单位工程施工组织设计一般应包括以下内容:

(1)工程概况

工程概况是编制单位工程施工组织设计的依据和基本条件。工程概况可附简图说明。各种工程设计及自然条件的参数(如建筑面积、建筑场地面积、造价、结构形式、层数、地质条件、水、电等)可列表说明,一目了然,简明扼要。施工条件应着重说明资源供应、运输方案及现场特殊的条件和要求等。

(2)施工方案

施工方案是编制单位工程施工组织设计的重点。施工方案中应着重于各施工方案技术经济比较,力求采用新技术,选择最优方案。确定施工方案主要包括施工程序、施工流程及施工顺序的确定,主要分部工程施工方法和施工机械的选择,技术组织措施的制定等内容。其中对新技术选择的要求更为详细。

(3)施工进度计划

施工进度计划主要包括确定施工项目,划分施工过程,计算工程量、劳动量和机械台班量,确定各施工项目的作业时间,组织各施工项目的搭接关系并绘制进度计划图表等内容。

实践证明,应用流水作业理论和网络计划技术来编制施工进度能获得最优的效果。

(4)施工准备工作和各项资源需要量计划

该部分内容主要包括施工准备工作的技术准备、现场准备、物资准备及劳动力、材料、构件、半成品、施工机具需要量计划、运输量计划等内容。

(5)施工现场平面布置图

施工现场平面布置图主要包括起重运输机械位置的确定,搅拌站、加工棚、仓库及材料堆放场地的合理布置,运输道路、生产生活临时设施及供水、供电管线的布置等内容。

(6)主要技术组织措施

主要技术组织措施包括质量保证措施,施工安全保证措施,文明施工保证措施,施工进度保证措施,冬、雨季施工措施,降低成本措施,提高劳动生产率措施等内容。

(7)技术经济指标

技术经济指标主要包括工期指标、质量和安全指标、降低成本指标和节约材料指标等内容。

以上7项内容中,以施工方案、施工进度计划、施工平面图3项最为关键,它们分别规划了单位工程施工中的技术与组织、时间、空间三大要素,在单位工程施工组织设计中,应着力研究筹划,以期达到科学合理适用。对于一般常见的建筑结构类型且规模不大的单位工程,施工组织设计可以编制得简单一些,即主要内容有:施工方案、施工进度计划和施工平面图,并辅以简要的说明。

▶ 4.1.3 单位工程施工组织设计的编制依据

单位工程施工组织设计的编制依据主要有以下几个方面的内容:

(1)上级主管部门和建设单位对本工程的要求

这方面内容主要包括:上级主管部门对本工程的范围和内容的批文及招投标文件,建设单位提出的某些特殊施工技术的要求、采用何种先进技术,施工合同中规定的开、竣工日期,质量要求、工程造价,工程价款的支付、结算方式等。

(2)施工组织总设计

当单位工程属于某个建设项目时,要根据施工组织总设计的既定条件和要求来编制该单位工程的施工组织设计。

(3)经过会审的施工图

经过会审的全套施工图纸、会审记录及采用的标准图集等有关技术资料。对于较复杂的工业厂房,还要有设备、电气和管道等图纸。

(4)建设单位对工程施工可能提供的条件

建设单位可能提供的条件包括:临时设施、施工用的水电,水压、电压能否满足施工要求等。

(5)资源供应情况

施工中所需劳动力、各专业工人数,材料、构件、半成品的来源,运输条件、运距、价格及供应情况,施工机具的配备及生产能力等。

(6)施工现场的勘察资料

施工现场的地形、地貌,地上与地下障碍物,地形图和测量控制网,工程地质和水文地质,气象资料和交通运输等方面的资料。

(7)工程预算文件及有关定额

应有详细的分部、分项工程量,必要时应有分层、分段或分部位的工程量及预算定额和施工定额,国家工期定额等。

(8)工程施工协作单位的情况

工程施工协作单位的资质、技术力量、设备进场安装时间等。

(9)国家的有关规定和标准

采用国家现行的施工及验收规范、质量评定标准及安全操作规程等。

(10)其他

其他有关参考资料及类似工程的施工组织设计实例。

▶ 4.1.4 单位工程施工组织设计的编制程序

单位工程施工组织设计的编制程序是指单位工程施工组织设计各个组成部分的先后次序以及相互制约关系。单位工程施工组织设计的编制程序和内容如图4.1所示。

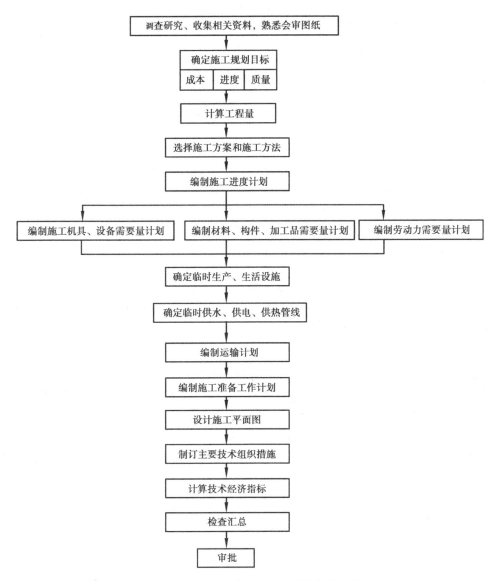

图 4.1 单位工程施工组织设计的编制程序

4.2 工程概况

单位工程施工组织设计中的工程概况,是对拟建工程的工程特点、建设地点特征、施工条件、施工特点、组织机构等所做的一个简要而又突出重点的文字描述。对于建筑结构不复杂及规模不大的拟建工程,其工程概况也可采用表格形式。

为了弥补文字叙述或表格介绍工程概况的不足,一般需要附上拟建工程平、立、剖面简图,图中注明轴线尺寸、总长、总宽、总高、层高等主要建筑尺寸,细部构造尺寸不需注明,图形简洁明了。一般还需附上主要工程量一览表,如表 4.1 所示。

表 4.1　主要工程量一览表

序　号	分部分项工程名称	工程量		序　号	分部分项工程名称	工程量	
		单位	数量			单　位	数　量
1				6			
2				7			
3				8			
4				9			
5				⋮			

工程概况中要针对工程特点,结合调查资料进行分析研究,找出关键性的问题加以说明。对新材料、新结构、新工艺的施工特点应着重说明。

（1）工程建设概况

主要介绍:拟建工程的建设单位,工程名称、性质、用途、作用和建设目的,资金来源及工程投资额,开、竣工日期,设计单位、监理单位、施工单位,施工图纸情况,施工合同,主管部门的有关文件或要求,以及组织施工的指导思想等。

（2）建筑设计特点

主要介绍:拟建工程的建筑面积,平面形状和平面组合情况,层数、层高、总高度、总长度和总宽度等尺寸及室内外装饰要求的情况,并附有拟建工程的平面、立面、剖面简图。

（3）结构设计特点

主要介绍:基础构造特点及埋置深度,设备基础的形式,桩基础的根数及深度,主体结构的类型,墙、柱、梁、板的材料及截面尺寸,预制构件的类型、质量及安装位置,楼梯构造及形式等。

（4）设备安装工程设计特点

主要介绍:建筑采暖卫生与煤气工程、建筑电气安装工程、通风与空调工程、电梯安装工程的设计要求。

（5）工程施工特点

主要介绍:工程施工的重点所在。不同类型的建筑、不同条件下的工程施工,均有其不同的施工特点,如砖混结构的施工特点是砌砖和抹灰工程量大、水平与垂直运输量大等。又如现浇钢筋混凝土高层建筑的施工特点主要是结构和施工机具设备的稳定性要求高等。

（6）建设地点特征

主要介绍:拟建工程的位置、地形,工程地质和水文地质条件,不同深度的土壤分析,冻结时间与冻土深度,地下水位与水质,气温,冬雨期起止时间,主导风向与风力,地震烈度等特征。

（7）施工条件

主要介绍:水、电、道路及场地平整的"三通一平"情况,施工现场及周围环境情况,当地的交通运输条件,材料、预制构件的生产及供应情况,施工机械设备的落实情况,劳动力特别是主要施工项目的技术工种的落实情况,内部承包方式、劳动组织形式及施工管理水平,现场临时设施的解决等。

（8）项目组织机构

主要介绍:建筑企业对拟建工程实行项目管理所采取的组织形式、人员配备等情况。选择项目组织形式时应考虑项目性质、施工企业类型、企业人员素质、企业管理水平等因素。常用的项目组织形式有工作队式、部门控制式、矩阵式、事业部式等。适用的项目组织机构有利于加强对拟建工程的工期、质量、安全、成本等的管理,使管理渠道畅通、管理秩序井然,便于落实责任、严明考核和奖罚。

4.3　施工方案设计

施工方案与施工方法是单位工程施工组织设计的核心问题,是单位工程施工组织设计中带有决策性的重要环节,是决定整个工程全局的关键。施工方案的合理与否,直接影响到工程进度、施工平面布置、施工质量、安全生产和工程成本等。

一般来说,施工方案的设计包括:确定施工流向和施工程序,确定各施工过程的施工顺序,主要分部分项工程的施工方法和施工机械选择,单位工程施工的流水组织,主要的技术组织措施等。

▶　4.3.1　确定施工流向

施工流向是指一个单位工程(或施工过程)在平面上或空间上开始施工的部位及其进展方向。它主要解决一个建筑物(或构筑物)在空间上的合理施工顺序问题。

对于生产厂房(单层建筑物),可按其车间、工段等分区分段地确定出在平面上的施工流向;对于多层房屋,除确定每层的施工流向外,还需确定其层间或单元空间上的施工流向。

施工流向的确定涉及一系列施工过程的开展和进展,是施工组织的重要环节。为此在确定施工流向时应考虑以下几个因素:

（1）生产工艺流程

这是确定施工流向的关键因素。一般对生产工艺上影响其他工段试车投产或生产使用上要求急的工段、部位先安排施工,如工业厂房内要求先试车生产的工段应先施工。

（2）建设单位对生产和使用的要求

根据建设单位的要求对生产和使用急需的工段先施工,这往往是确定施工流向的基本因素,也是施工单位全面履行合同条款的应尽义务。如高层宾馆、饭店等,可以在主体结构施工到一定层数后,即进行地面上若干层的设备安装与室内外装修。

（3）技术复杂、工期长的区段先行施工

单位工程各部分的繁简程度不同,一般对技术复杂、新结构、新工艺、新材料、新技术、工程量大、工期较长的工段或部位先施工。如高层框架结构先施工建筑主楼部分,后施工群房部分。

（4）工程现场条件和施工方法、施工机械

工程现场条件,如施工场地的大小、道路布置等,以及采用的施工方法和施工机械,是确定施工起点和流向的主要因素。如在选定了挖土机械和垂直运输机械后,这些机械的开行路线或布置位置就决定了基础挖土和结构吊装的施工起点流向。

（5）房屋的高低层或高低跨和基础的深浅

在高低跨并列的单层工业厂房结构安装中,柱的吊装从并列处开始;在高低跨并列的多层建筑中,层数高的区段常先施工;屋面防水层施工应按先高后低的方向施工,同一屋面则由檐口到屋脊方向施工;基础有深浅时,应按先深后浅的顺序施工。

（6）施工组织的分层分段

划分施工层、施工段的部位也是决定施工起点流向时应考虑的因素。在确定施工流向的分段部位时,应尽量利用建筑物的伸缩缝、沉降缝、抗震缝、平面有变化处和留槎接缝不影响结构整体性的部位,且应使各段工程量大致相等,以便组织有节奏流水施工,并应使施工段数与施工过程数相协调,避免窝工;还应考虑分段的大小应与劳动组织(或机械设备)及其生产能力相适应,保证足够的工作面,便于操作,提高生产效率。

（7）分部分项工程的特点及其相互关系

各分部分项工程的施工起点流向有其自身的特点。如一般基础工程由施工机械和方法决定其平面的施工起点流向;主体结构从平面上看,一般从哪一边先开始都可以,但竖向一般应自下而上施工;装饰工程竖向的施工起点流向比较复杂,室外装饰一般采用自上而下的流向,室内装饰则可采用自上而下、自下而上、自中而下再自上中3种流向。密切相关的分部分项工程,如果前面施工过程的起点流向确定了,则后续施工过程也就随之而定。如单层工业厂房的土方工程的起点流向决定了柱基础、某些构件预制、吊装施工过程的起点流向。

下面以多层建筑物室内装饰工程为例加以说明。

①自上而下的施工流向。这通常是指主体结构封顶、做好屋面防水层后,室内装饰从顶层开始逐层向下进行。其施工起点流向如图4.2所示,有水平向下和垂直向下两种情况,施工中一般采用图4.2(a)所示水平向下的方式较多。这种施工流向的优点是主体结构完成后,有一定的沉降时间,沉降变化趋于稳定,能保证装饰工程的质量;做好屋面防水层后,可防止雨水或施工用水渗漏而影响装饰工程质量;再者,自上而下的流水施工,各工序之间交叉少,便于组织施工,也便于从上而下清理垃圾。其缺点是不能与主体施工搭接,工期相应较长。

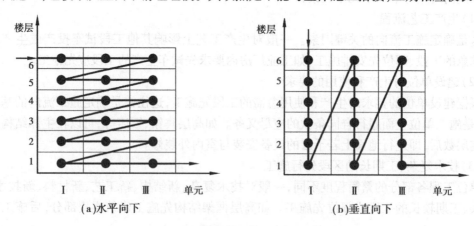

图4.2 室内装饰工程自上而下的流向

②自下而上的施工流向。这通常是指当主体结构施工完第3或4层以上时,装饰工程从第1层开始,逐层向上进行,其施工流向如图4.3所示,有水平向上和垂直向上两种情况。这种施工流向的优点是可以与主体结构平行搭接施工,故工期较短,当工期紧迫时可考虑采用

这种流向。其缺点是：工序之间交叉多，材料机械供应密度增大，需要很好的组织施工、加强管理，采取有效安全措施；当采用预制楼板时，为防止雨水或施工用水从上层板缝渗漏而影响装饰工程质量，应先做好上层地面再做下层顶棚抹灰。

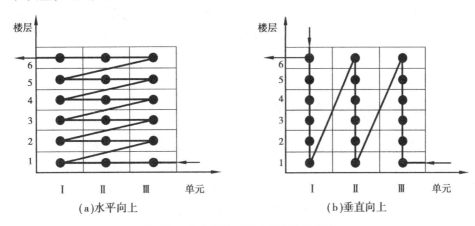

(a)水平向上　　　　　　　　　(b)垂直向上

图 4.3　室内装饰工程自下而上的流向

③自中而下再自上而中的施工流向。它综合了前两者的优点，一般适用于高层建筑的室内装饰施工，其施工起点流向如图 4.4 所示。

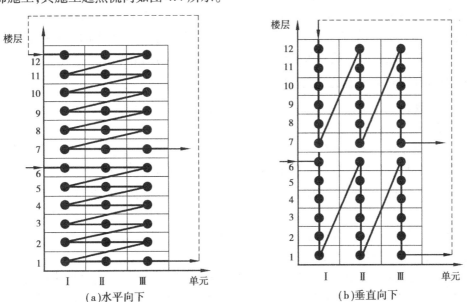

(a)水平向下　　　　　　　　　(b)垂直向下

图 4.4　室内装饰工程自中而下再自上而中的流向

▶ **4.3.2　确定施工程序**

施工程序是指单位工程中各分部工程或施工阶段的先后次序和其制约关系，主要是解决时间搭接上的问题。确定时应注意以下几点：

1)施工准备工作

单位工程开工前必须做好一系列准备工作，尤其是施工现场的准备工作。在具备开工条件后,还应写出开工报告,经上级审查批准后方可开工。

单位工程的开工条件是:施工图纸经过会审并有记录;施工组织设计已批准并进行交底;施工合同已签订且施工许可证已办理;施工图预算和施工预算已编制并审定;现场障碍物已清除且"三通一平"已基本完成;永久性或半永久性坐标和水准点已设置;材料、构件、机具、劳动力安排等已落实并能按时进场;各项临时设施已搭设并能满足需要;现场安全宣传牌已树立;安全防火等设施已具备。

2)单位工程施工程序

单位工程施工必须遵守"先地下后地上""先土建后设备""先主体后围护""先结构后装修"的施工程序。

①"先地下后地上":指的是地上工程开始以前,尽量把管道、线路等地下设施敷设完毕,并完成或基本完成土方工程和基础施工,以免对地上部分施工产生干扰。

②"先土建后设备":不论是工业建筑还是民用建筑,土建施工应先于水、暖、气、电、卫、通信等建筑设备的安装。但它们之间更多的是穿插配合的关系,一般在土建施工的同时要配合进行有关建筑设备安装的预埋工作,尤其在装修阶段,要从保质量、讲成本的角度,处理好相互之间的关系。

③"先主体后围护":主要是指先施工框架主体结构,后施工围护结构。

④"先结构后装修":是针对一般情况而言,有时为了缩短工期,也可以部分搭接施工。如在冬季施工之前,应尽可能完成土建和围护结构的施工,以利于施工中的防寒和室内作业的开展;又如大板建筑施工,大板承重结构部分和某些装饰部分宜在加工厂同时完成。

3)土建施工与设备安装的施工程序

在工业厂房的施工中,除了完成一般工程外,还要完成工艺设备和工艺管道的安装工程。一般来说,有以下3种施工程序:

①封闭式施工法。先建造厂房基础,安装结构,而后进行设备基础的施工。当设备基础不大,且对厂房结构的稳定无影响,在冬、雨季施工时比较适用此方法。

优点:由于土建工作面大,因而加快了施工速度,有利于预制和吊装方案的合理选择;由于主体工程先完成,所以设备基础施工不受气候的影响;可利用厂房吊车梁为设备基础施工服务。缺点:出现重复工作,如挖基槽、回填土等施工过程;设备基础施工条件差,而且拥挤;不能提前为设备安装提供工作面,工期较长。

②敞开式施工法。先对厂房基础和设备基础进行施工,而后对厂房结构进行安装。此方法对于设备基础较大较深,基坑挖土范围与柱基础的基坑挖土连成一片,或深于厂房柱基础,而且在厂房所建地点的土质不好时比较适用。

敞开式施工的优缺点与封闭式施工的优缺点正好相反。

③设备安装与土建施工同时进行。这是当土建施工为设备安装创造了必要条件,同时能防止设备被砂浆、建筑垃圾等污染的情况下,所适宜采用的施工程序。如建造水泥厂的施工。

▶ **4.3.3 确定施工顺序**

施工顺序是指各施工过程之间施工的先后次序。它既要满足施工的客观规律,又要合理解决好工种之间在时间上的搭接问题。

1) 确定施工顺序的基本原则

(1) 符合施工工艺的要求

这种要求反映施工工艺上存在的客观规律和相互制约关系,一般是不能违背的。例如:基础工程未做完,其上部结构就不能进行;浇筑混凝土必须在安装模板、钢筋绑扎完成,并经隐蔽工程验收后才能开始。

(2) 与施工方法协调一致

例如,在装配式单层工业厂房的施工中,如果采用分件吊装法,施工顺序是先吊柱,再吊梁,最后吊一个节间的屋架和屋面板。

(3) 考虑施工组织的要求

施工顺序可能有几种方案时,就应从施工组织的角度进行分析、比较,选择经济合理且有利于施工和开展工作的方案。例如,有地下室的高层建筑,其地下室地面工程可以安排在地下室顶板施工前进行,也可以在顶板铺设后施工。从施工组织方面考虑,前者施工较方便,上部空间宽敞,可利用吊装机械直接将地面施工用的材料吊到地下室;而后者,地面材料的运输和施工就比较困难了。

(4) 考虑施工质量的要求

如屋面防水施工,必须等找平层干燥后才能进行,否则将影响防水工程的质量。

(5) 考虑当地气候条件

如雨季和冬季到来之前,应先做完室外各项施工过程,为室内施工创造条件;冬季施工时,可先安装门窗玻璃,再做室内地面和墙面抹灰。

(6) 考虑安全施工的要求

如脚手架应在每层结构施工之前搭好。

2) 多层砖混结构的施工顺序

多层砖混结构的施工特点是:砌砖工程量大,装饰工程量大,材料运输量大,便于组织流水施工等。施工时,一般可分为基础、主体结构、屋面、装修和设备安装等施工阶段,其施工顺序如图 4.5 所示。

(1) 基础工程的施工顺序

这一阶段的施工过程与施工顺序一般是:定位放线→挖基槽(机械、人工挖土)→做垫层→基础→做基础防潮层→回填土。如有桩基础,则应另列桩基工程;如有地下室,则在垫层完成后进行地下室底板、墙身施工,再做防水层,安装地下室顶板,最后回填土。

在组织施工时,应特别注意挖土与垫层的施工搭接要紧凑,间隔时间不宜太长,以防下雨后基槽(坑)内积水,影响地基的承载能力。还应注意垫层施工后的技术间隙时间,使其达到一定强度后再进行后道工序的施工。各种管沟的挖土、铺设等应尽可能与基础施工配合,平行搭接施工。基槽(坑)回填土,一般在基础工程完成后一次分层夯填完毕,既可以避免基槽遇雨水浸泡,又可以为后续工作创造良好的工作条件;当工程量较大且工期较紧时,也可将回填土分段与主体结构搭接进行,或安排在室内装修施工前进行。

(2) 主体结构工程的施工顺序

主体结构工程的施工,包括搭脚手架,墙体砌筑,安门窗框,安预制过梁,安装预制楼板,现浇盥洗间楼盖,现浇圈梁和雨篷,安装屋面板等。

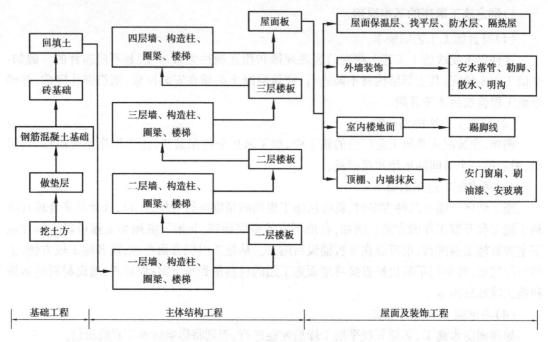

图 4.5 多层砖混结构施工顺序示意图

这一阶段,应以墙体砌筑为主进行流水施工,根据每个施工段砌墙工程量、工人人数、垂直运输量和吊装机械效率等计算确定流水节拍的大小,而其他施工过程则应配合砌墙的流水,搭接进行。如脚手架的搭设和楼板铺设应配合砌墙进度逐段逐层进行;其他现浇构件的支模板、绑扎钢筋可安排在墙体砌筑的最后一步插入,混凝土与现浇圈梁同时进行;各层预制楼梯段的安装必须与墙体砌筑和安装楼板紧密结合,与之同时或相继完成;若采用现浇楼梯,更应注意与楼层施工紧密配合,否则由于混凝土养护的需要,后道工序将不能如期进行,从而延长工期。

(3)屋面、装修、设备安装阶段的施工顺序

屋面保温层、找平层、防水层的施工应依次进行。刚性防水屋面的现浇钢筋混凝土防水层、分格缝施工应在主体结构完成后开始并尽快完成,以便为顺利进行室内装修创造条件。一般情况下,它可以和装修工程搭接或平行施工。

装修工程阶段的主要工作可分为室外装修和室内装修两部分,其中室外装修包括:外墙抹灰、勾缝、勒脚、散水、台阶、明沟、水落管和道路等施工过程。室内装修包括:天棚、墙面、地面抹灰,门窗扇(框)安装、五金和各种木装修、踢脚线、楼梯踏步抹灰、玻璃安装、油漆、喷白浆等施工过程,其中抹灰工程为主导施工过程。由于其施工内容多,繁而杂,因而进行施工项目的适当合并,正确拟订装修工程的施工顺序和流向,组织好立体交叉搭接流水施工,显得十分重要。

室内抹灰在同一层内的顺序有两种:地面→天棚→墙面、天棚→墙面→地面。前一种顺序便于清理地面,地面质量易于保证,而且便于利用墙面和天棚的落地灰,以节约材料,但地面需要养护和采取保护措施,否则后道工序不能按时进行。后一种顺序应在做地面面层时将落地灰清扫干净,否则会影响地面的质量(产生起壳现象),而且地面施工用水的渗漏可能影响下一层墙面、天棚的抹灰质量。

底层地坪一般是在各层装修做好后施工。为保证质量,楼梯间和踏步抹灰往往安排在各层装修基本完成后进行。门窗扇的安装可在抹灰之前或之后进行,主要视气候和施工条件而

定。宜先油漆门窗扇,后安装玻璃。

设备安装工程的施工可与土建有关分部分项工程交叉施工,紧密配合。例如:基础施工阶段,应先将相应的管沟埋设好,再进行回填土;主体结构施工阶段,应在砌墙或现浇楼板的同时,预留电线、水管等孔洞或预埋木砖和其他预埋件。

3)高层框架结构建筑的施工顺序

高层框架结构建筑的施工,按其施工阶段划分一般可以分为地基与基础工程、主体结构工程、屋面及装饰装修工程 3 个阶段。其施工顺序如图 4.6 所示。

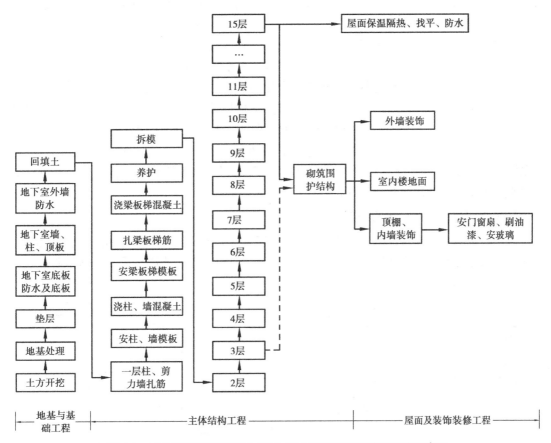

图 4.6 15 层现浇钢筋混凝土框架、剪力墙结构建筑施工顺序示意图

(1)基础工程的施工顺序

高层现浇框架—剪力墙结构基础,若有地下室,且需地基处理时,基础工程的施工顺序一般为:土方开挖→地基处理→垫层→地下室底板防水及底板→地下室墙、柱、顶板→地下室外墙防水→回填土。

土方开挖时需注意防护和支护。如有桩基础时,还需确定打桩的施工顺序。对于大体积混凝土,还需确定分层浇筑施工顺序,并安排测温工作。施工时,应根据气候条件,加强对垫层和基础混凝土的养护,在基础混凝土达到拆模要求时及时拆模,并尽早回填土,为上部结构施工创造条件。

(2)主体结构工程的施工顺序

主体结构工程施工阶段的工作包括:安装垂直运输设施及搭设脚手架,每一层分段施工框架—剪力墙混凝土结构,砌筑围护结构墙体等。其中,每层每段的施工顺序为:测量放线→柱、剪力墙钢筋绑扎→墙柱设备管线预埋→验收→墙柱模板支设→验收→浇墙柱混凝土→养护拆模→测量放线→梁板梯模板支设→板底层钢筋绑扎→设备管线预埋敷设→验收→梁板梯钢筋绑扎→验收→浇梁梯板混凝土→养护→拆模。柱、墙、梁、板、梯的支模、绑筋等施工过程的工程量大,耗用的劳动力、材料多,对工程质量、工期起着决定性作用。故需将高层框架—剪力墙结构在平面上分段、在竖向上分层,组织流水施工。

砌筑围护结构墙体的施工包括:砌筑墙体、安门窗框、安预制过梁、现浇构造柱等工作。高层建筑砌筑围护结构墙体一般可安排在框架—剪力墙结构施工到3~4层(或拟建层数一半)后即插入施工,以缩短工期,为后续室内外装饰工程施工创造条件。

(3)屋面及装饰工程的施工顺序

屋面工程的施工顺序及其与室内外装饰工程的关系和砖混结构建筑施工顺序基本相同。高层框架—剪力墙结构建筑的装饰工程是综合性的系统工程,其施工顺序与砖混结构建筑施工顺序基本相同,但要注意目前装饰工程新工艺、新材料层出不穷,安排施工顺序时应综合考虑工艺、材料要求及施工条件等因素。施工前应预先完成与之交叉配合的水暖煤电卫等安装,尤其注意天棚内的安装未完成之前,不得进行天棚施工。施工时,先做样板或样板间,经与建设单位、监理共同检查认可后方可大面积施工,以保证施工质量。安排立体交叉施工或先后施工顺序时应特别注意成品保护。

4)装配式单层工业厂房的施工顺序

装配式单层工业厂房的施工特点是:基础施工复杂,土石方工程量大,构件预制量大等。其施工一般分为基础工程、预制工程、结构安装工程、围护工程和装饰工程5个施工阶段。其施工顺序如图4.7所示。

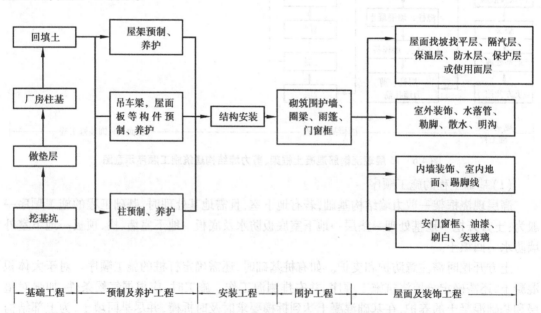

图4.7 单层装配式厂房施工顺序示意图

(1)基础工程的施工顺序

基础工程的施工过程和顺序是:挖土→垫层→杯形基础(又可分为扎筋、支模、浇筑混凝土等)→回填土。对厂房内的设备基础,应根据不同情况,采用封闭式或敞开式施工。

(2)预制工程的施工顺序

通常对于质量较大、运输不便的大型构件,如柱、屋架、吊车梁等,采取在现场预制。可采用先屋架后柱或者柱、屋架依次分批预制的顺序,这取决于结构吊装方法。现场后张法预应力屋架的施工顺序是:场地平整夯实→支模板→绑扎钢筋→预留孔道→浇筑混凝土→养护→拆模→预应力钢筋张拉→锚固→灌浆。

(3)结构安装工程的施工顺序

吊装顺序取决于安装方法。若采用分件吊装时,施工顺序一般是:第一次吊装柱,并进行校正和固定;第二次吊装吊车梁、联系梁、基础梁等;第三次吊装屋盖构件。若采用综合吊装法时,施工顺序一般是:先吊装一、二个节间的4~6根柱,再吊装该节间内的吊车梁等构件,最后吊装该节间内的屋盖构件,如此逐间依次进行,直至全部厂房吊装完毕。抗风柱的吊装顺序一般有两种方法:一是在吊装柱的同时先安装该跨一端抗风柱,另一端则在屋架吊装完毕后进行;二是全部抗风柱的吊装均待屋盖吊装完毕后进行。

(4)围护工程的施工顺序

围护工程施工内容包括墙体砌筑、安装门窗框和屋面工程。墙体工程包括搭脚手架,内、外墙砌筑等分项工程。屋盖安装结束后,随即进行屋面灌浆嵌缝等的施工,与此同时进行墙体砌筑。脚手架应配合砌筑和屋面工程搭设,在室外装饰之后,做散水坡前拆除。

(5)装饰工程的施工顺序

装饰工程施工又分为室内装饰和室外装饰。室内装饰工程包括地面、门窗扇、玻璃安装、油漆、刷白等分项工程;室外装饰工程包括勾缝、抹灰、勒脚、散水坡等分项工程。

单层厂房的装饰工程一般与其他施工过程穿插进行。室外抹灰一般自上而下;室内地面施工前应将前道工序全部做完;刷白应在墙面干燥和大型屋面板灌缝之后进行,并在油漆开始之前结束。

▶ 4.3.4 选择施工方法与施工机械

正确地选择施工方法和施工机械是施工组织设计的关键,它直接影响着施工进度、工程质量、施工安全和工程成本。

1)施工方法的选择

(1)选择施工方法的基本要求

①满足主导施工过程的施工方法的要求。

②满足施工技术的要求。

③符合机械化程度的要求。

④符合先进、合理、可行、经济的要求。

⑤满足工期、质量、成本和安全的要求。

(2)主要分部分项工程施工方法的选择

①基础工程,包括:确定基槽开挖方式和挖土机具;确定地表水、地下水的排除方法;砌砖基础、钢筋混凝土基础的技术要求,如宽度、标高的控制等。

②砌筑工程,包括:砖墙的组砌方法和质量要求;弹线和皮数杆的控制要求;脚手架搭设方法和安全网的挂设方法等。

③钢筋混凝土工程,包括:选择模板类型和支模方法,必要时进行模板设计和绘制模板放样图;选择钢筋的加工、绑扎、连接方法;选择混凝土的搅拌、输送和浇筑顺序及方法,确定所需设备类型和数量,确定施工缝的留设位置;确定预应力混凝土的施工方法及其所需设备等。

④结构吊装工程,包括:确定结构吊装方法;选择所需机械,确定构件的运输和堆放要求,绘制有关构件预制布置图等。

⑤屋面工程,包括:屋面施工材料的运输方式;各道施工工序的操作要求等。

⑥装饰工程,包括:各种装修的操作要求和方式;材料的运输方式和堆放位置;工艺流程和施工组织确定等。

2)施工机械的选择

施工方法的选择必然涉及施工机械的选择,在选择施工机械时应注意以下几点:

①首先选择主导施工过程的施工机械。根据工程的特点,选择最适宜的机械类型。如基础工程的挖土机械,可根据工程量的大小和工作面的宽度选择不同的挖土机械;主体结构工程的垂直、水平运输机械,可根据运输量的大小、建筑物的高度和平面形状以及施工条件,选择塔吊、井架、龙门架等不同机械。

②选择与主导施工机械配套的各种辅助机具。为了充分发挥主导施工机械的效率,在选择配套机械时,应使它们的生产能力相互协调一致,并能保证有效地利用主导施工机械。如在土方工程中,汽车运土应保证挖土机械连续工作;在结构安装中,运输机械应保证起重机械连续工作等。

③应充分利用施工企业现有的机械,并在同一工地贯彻一机多用的原则。

④提高机械化和自动化程度,尽量减少手工操作。

▶ **4.3.5 主要技术组织措施**

技术组织措施是指为保证质量、安全、进度、成本、环保、建筑节能、季节性施工、文明施工等,在技术和组织方面所采用的方法。应在严格执行施工验收规范、检验标准、操作规程等前提下,针对工程施工特点,制订既行之有效又切实可行的措施。

(1)技术措施

①施工方法的特殊要求和工艺流程。

②水下和冬、雨季施工措施。

③技术要求和质量安全注意事项。

④材料、构件和机具的特点、使用方法和需用量。

(2)质量措施

①确定定位放线、标高测量等准确无误的措施。

②确定地基承载力和各种基础、地下结构施工质量的措施。

③严格执行施工和验收规范,按技术标准、规范、规程组织施工和进行质量检查,保证质量。如强调隐蔽工程的质量验收标准和隐患的防止;混凝土工程中混凝土的搅拌、运输、浇筑、振捣、养护、拆模和试块试验等工作的具体要求;新材料、新工艺或复杂操作的具体要求、方法和验收标准等。

④将质量要求层层分解,落实到班组和个人,实行定岗操作责任制、三检制等。

⑤强调执行质量监督、检查责任制和具体措施。

⑥推行全面质量管理在建筑施工中的应用,强调预防为主的方针,及时消除事故隐患;强调人在质量管理中的作用,要求人人为提高质量而努力;制订加强工艺管理、提高工艺水平的具体措施,不断提高施工质量。

(3)安全措施

①严格执行安全生产法规,在施工前要有安全交底,保证在安全条件下施工。

②保证土石方边坡稳定的措施。

③明确使用机电设备和施工用电的安全措施,特别是焊接作业时的安全措施。

④防止吊装设备、打桩设备倒塌措施。

⑤季节性安全措施,如雨季的防洪、防雨,暑期的防暑降温,冬季的防滑、防火等措施。

⑥施工现场周围的通行道路和居民保护隔离措施。

⑦保证安全施工的组织措施,加强安全教育,明确安全施工生产责任制。

(4)降低成本措施

①合理进行土石方平衡,以减少土方运输和人工费。

②综合利用吊装机械,减少吊次,节约台班费。

③提高模板精度,采用整装整拆,加速模板周转,以节约木材和钢材。

④在混凝土、砂浆中掺加外加剂或掺合剂,以节约水泥。

⑤采用先进的钢筋连接技术以节约钢筋,加强技术革新、改造,推广应用新技术、新工艺。

⑥正确贯彻执行劳动定额,加强定额管理;施工任务书要做到任务明确,责任到人,要及时核算、总结;严格执行定额领料制度和回收、退料制度,实行材料承包制度和奖罚制度。

(5)现场文明施工措施

①遵守国家的法令、法规和有关政策,明确施工用地范围,不得擅自侵占道路、砍伐树木、毁坏绿地。

②设置施工现场的围栏与标牌,确保出入口交通安全、道路畅通,安全与消防设施齐全。

③强调对办公室、更衣室、食堂、厕所等的卫生要求,并加强监督指导,实行门前三包责任制。

④施工现场应按施工平面图的要求布置材料、构件和暂设工程,加强对各种材料、半成品、构件的堆放与管理。

⑤防止各种环境污染,施工现场内要整洁,道路要平整、坚实,避免尘土飞扬。

▶　4.3.6　施工方案评价

为了提高经济效益,降低成本,保证工程质量,在施工组织设计中对施工方案进行评价(即技术经济分析)是十分重要的。施工方案评价是从技术和经济的角度,进行定性和定量分析,评价施工方案的优劣,从而选取技术先进可行、质量可靠、经济合理的最优方案。

1)定性分析

定性分析是对施工方案的优缺点从以下几个方面进行分析和比较:

①施工操作上的难易程度和安全可靠性。

②为后续工程提供有利施工条件的可能性。

③对冬、雨季施工带来困难的多少。

④选择的施工机械获得的可能性。

⑤能否为现场文明施工创造有利条件。

2)定量分析

定量分析一般是计算出不同施工方案的工期指标、劳动消耗量、降低成本指标、主要工程工种机械化程度和主要材料节约指标等来进行比较。其具体分析比较的内容有：

(1)工期指标

工期反映国家一定时期和当地的生产力水平,应将该工程计划完成的工期与国家规定的工期或建设地区同类型建筑物的平均工期进行比较。

(2)施工机械化程度

施工机械化程度是工程全部实物工程量中机械施工完成的比重。其程度的高低是衡量施工方案优劣的重要指标之一。

$$施工机械化程度=\frac{机械完成实物量}{全部实物量}\times100\% \tag{4.1}$$

(3)降低成本指标

降低成本指标的高低可反映采用不同施工方案产生的不同经济效果。其指标可用降低成本额和降低成本率表示。

$$降低成本额=预算成本-计划成本 \tag{4.2}$$

$$降低成本率=\frac{降低成本额}{预算成本}\times100\% \tag{4.3}$$

(4)主要材料节约指标

主要材料节约指标根据工程不同而定,靠材料节约措施实现。可分别计算主要材料节约量、主要材料节约率。

$$主要材料节约量=预算用量-计划用量 \tag{4.4}$$

$$主要材料节约率=\frac{主要材料节约量}{预算用量}\times100\% \tag{4.5}$$

(5)单位建筑面积劳动消耗量

单位建筑面积劳动消耗量是指完成单位建筑面积合格产品所消耗的劳动力数量。它可反映出施工企业的生产效率和管理水平,以及采用不同的施工方案对劳动量的需求。

$$单位建筑面积劳动消耗量=\frac{完成该工程的全部劳动工日数}{该工程建筑面积}\times100\% \tag{4.6}$$

4.4 编制单位工程施工进度计划

单位工程施工进度计划是在确定了施工方案的基础上,根据规定工期和各种资源供应条件,按照施工过程的合理施工顺序及组织施工的原则,用图表的形式(横道图或网络图)对一个工程从开始施工到工程全部竣工的各个项目,确定其在时间上的安排和相互间的搭接关系。在此基础上方可编制月度、季度计划及各项资源需要量计划。所以,施工进度计划是单位工程施工组织设计中的一项非常重要的内容。

▶ 4.4.1 单位工程施工进度计划的作用及分类

1)施工进度计划的作用

①控制单位工程的施工进度,保证在规定工期内完成符合质量要求的工程任务。

②确定单位工程的各个施工过程的施工顺序、施工持续时间及相互搭接和合理配合关系。

③为编制季度、月度生产作业计划提供依据。

④作为制订各项资源需要量计划和编制施工准备工作计划的依据。

2)施工进度计划的分类

单位工程施工进度计划根据施工项目划分的粗细程度,可分为控制性与指导性施工进度计划两类。控制性施工进度计划按分部工程来划分施工项目,控制各分部工程的施工时间及其相互搭接配合关系。它主要适用于工程结构较复杂、规模较大、工期较长而需跨年度施工的工程(如体育场、火车站等公共建筑以及大型工业厂房等),还适用于工程规模不大或结构不复杂但各种资源(劳动力、机械、材料等)不落实的情况,以及建筑结构、建筑规模等可能变化的情况。编制控制性施工进度计划的单位工程,当各分部工程的施工条件基本落实之后,在施工之前还应编制各分部工程的指导性施工进度计划。指导性施工进度计划按分项工程或施工过程来划分施工项目,具体确定各分项工程或施工过程的施工时间及其相互搭接配合关系。它适用于施工任务具体而明确、施工条件基本落实、各种资源供应正常、施工工期不太长的工程。

▶ 4.4.2 单位工程施工进度计划的编制依据和程序

1)施工进度计划的编制依据

编制单位工程施工进度计划,主要依据下列资料:

①经过审批的建筑总平面图及单位工程全套施工图,以及地质地形图、工艺设计图、设备及其基础图,采用的各种标准图集等图纸及技术资料。

②施工组织总设计对本单位工程的有关规定。

③施工工期要求及开、竣工日期。

④施工条件、劳动力、材料、构件及机械的供应条件,分包单位的情况等。

⑤主要分部(分项)工程的施工方案,包括施工程序、施工段划分、施工流程、施工顺序、施工方法、技术组织措施等。

⑥施工定额。

⑦其他有关要求和资料,如工程合同等。

2)施工进度计划的编制程序

单位工程施工进度计划的编制程序如图 4.8 所示。

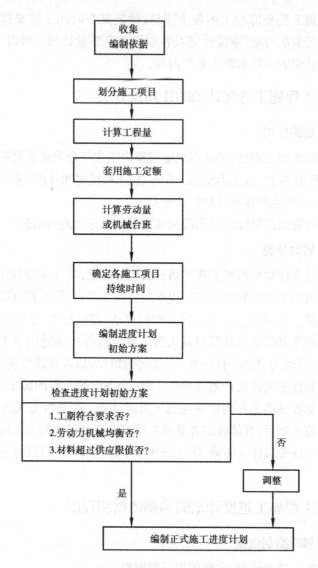

图 4.8　单位工程施工进度计划的编制程序

▶ 4.4.3　单位工程施工进度计划的编制方法与步骤

1) 熟悉并审查施工图纸,研究有关资料,调查施工条件

施工单位(承包商)项目部技术负责人在收到施工图及取得有关资料后,应组织工程技术人员及有关施工人员全面地熟悉和详细审查图纸,并参加建设、监理、施工等单位有关工程技术人员参加的图纸会审,由设计单位技术人员进行设计交底,在弄清设计意图的基础上,研究有关技术资料,同时进行施工现场的勘察,调查施工条件,为编制施工进度计划做好准备工作。

2) 划分施工过程并计算工程量

编制施工进度计划时,应按照所选的施工方案确定施工顺序,将分部工程或施工过程(分项工程)逐项填入施工进度表的分部分项工程名称栏中,其项目包括从准备工作起至交付使用时为止的所有土建施工内容。对于次要的、零星的分项工程则不列出,可并入"其他工程",在计算劳动量时,给予适当的考虑即可。水、暖、电及设备一般另作一份相应专业的单位工程施工进度计划,在土建单位工程进度计划中只列分部工程总称,不列详细施工过程名称。

编制单位工程施工进度计划时,应当根据施工图和建筑工程预算工程量的计算规则来计算工程量。若已编制的预算文件中所采用的预算定额和项目划分与施工过程项目一致时,就可以直接利用预算工程量;若项目不一致时,则应依据实际施工过程项目重新计算工程量。计算工程量时应注意以下问题:

①注意工程量的计算单位。直接利用预算文件中的工程量时,应使各施工过程的工程量计算单位与所采用的施工定额的单位一致,以便在计算劳动量、材料量、机械台班数时可直接套用定额。

②工程量计算应结合所选定的施工方法和所制定的安全技术措施进行,以使计算的工程量与施工实际相符。

③工程量计算时应按照施工组织要求,分区、分段、分层进行计算。

3)套用施工定额,确定各施工过程的劳动量和机械台班需求量

根据所划分的施工过程(施工项目)和选定的施工方法,套用施工定额,以确定劳动量及机械台班量。

施工定额有两种形式,即时间定额 H 和产量定额 S。时间定额是指完成单位建筑产品所需的时间;产量定额是指在单位时间内所完成建筑产品的数量。二者互为倒数。

若某施工过程的工程量为 Q,则该施工过程所需劳动量或机械台班量可由式(4.7)进行计算:

$$P = \frac{Q}{S} \quad 或 \quad P = Q \times H, H = \frac{1}{S} \tag{4.7}$$

式中　P——某施工过程所需劳动量,工日或机械台班量;

　　　Q——施工过程工程量;

　　　S——施工过程的产量定额;

　　　H——施工过程的时间定额。

这里应特别注意的是,如果施工进度计划中所列项目与施工定额中的项目内容不一致时,例如施工项目是由同一工种,但材料、做法和构造都不同的施工过程合并而成时,施工定额可采用加权平均定额,计算公式如下:

$$S' = \frac{\sum_{i=1}^{n} Q_i}{\sum_{i=1}^{n} P_i} \tag{4.8}$$

$$\sum_{i=1}^{n} P_i = P_1 + P_2 + \cdots + P_n = \frac{Q_1}{S_1} + \frac{Q_2}{S_2} + \cdots + \frac{Q_n}{S_n} \tag{4.9}$$

$$\sum_{i=1}^{n} Q_i = Q_1 + Q_2 + \cdots + Q_n \tag{4.10}$$

式中　S'——某施工项目加权平均产量定额;

$\sum\limits_{i=1}^{n} P_i$ ——该施工项目总劳动量;

$\sum\limits_{i=1}^{n} Q_i$ ——该施工项目总工程量。

对于某些采用新技术、新工艺、新材料、新方法的施工项目,其定额未列入定额手册时,可参照类似项目或进行实测来确定。

"其他工程"项目所需的劳动量,可根据其内容和数量,并结合施工现场的实际情况以占总劳动量的百分比计算,一般为 10%~15%。

水、暖、电、设备安装等工程项目,在编制施工进度计划时,一般不计算劳动量或机械台班量,仅表示出与一般土建单位工程进度相配合的关系。

4)确定工作班制

在进行施工进度计划编制时,考虑到施工工艺要求或施工进度要求,需选择好工作班制。通常采用一班制生产,有时因工艺要求或施工进度的需要,也可采用两班制或三班制连续作业,如浇筑混凝土即可三班连续作业。

5)确定施工过程的持续时间

根据施工条件及施工工期要求不同,有定额计算法、工期计算法、经验估算法等 3 种方法,详见本教材第 2 章流水施工原理中时间参数的计算部分。

6)编制施工进度计划的初始方案

编制施工进度计划的初始方案时,必须考虑各分部分项工程合理的施工顺序,尽可能按流水施工进行组织与编制,力求使主要工种的施工班组连续施工,并做到劳动力、资源计划的均衡。编制方法与步骤如下:

①先安排主要分部工程并组织其流水施工。主要分部工程尽可能采用流水施工方式编制进度计划,或采用流水施工与搭接施工相结合的方式编制施工进度计划,尽可能使各工种连续施工,同时也能做到各种资源消耗的均衡。

②安排其他各分部工程的施工或组织流水施工。其他各分部工程的施工应与主要分部工程相结合,同样也应尽可能地组织流水施工。

③按工艺的合理性和施工过程尽可能搭接的原则,将各施工阶段的流水作业图表搭接起来,即得到单位工程施工进度计划的初始方案。

7)检查调整施工进度计划的初始方案

(1)施工顺序检查与调整

施工进度计划中施工顺序的检查与调整主要考虑以下几点:各个施工过程的先后顺序是否合理;主导施工过程是否最大限度地进行流水与搭接施工;其他的施工过程是否与主导施工过程相配合,是否影响到主导施工过程的实施,以及各施工过程中的技术组织间歇时间是否满足工艺及组织要求,如有错误之处,应给予调整或修改。

(2)施工工期的检查与调整

施工进度计划安排的施工工期应满足规定的工期或合同中要求的工期。不能满足时,则需重新安排施工进度计划或改变各分部分项工程持续时间等进行修改与调整。

（3）劳动量消耗的均衡性

对单位工程或各个工种而言,每日出勤的工人人数应力求不发生过大的变动,也就是劳动量消耗应力求均衡,劳动量消耗的均匀性是用劳动量消耗动态图表示的。它是根据施工进度计划中各施工过程所需要的班组人数统计而成的,一般画在施工进度水平图表中对应的施工进度计划的下方。

在劳动量消耗动态图上不允许出现短时期的高峰或长时期的低陷情况。图4.9(a)所示为短时期的高峰,即短时期工人人数多,这表明相应增加了为工人服务的各种临时设施;图4.9(b)所示为长时间低陷,说明在长时间内所需工人人数少,如果工人不调出则会发生窝工现象,如工人调出则各种临时设施不能充分利用;图4.9(c)所示为短期的低陷,甚至是很大的低陷,这是允许的,因为这种情况不会发生什么显著影响,只要把少数工人的工作量重新安排,窝工现象就可以消除。

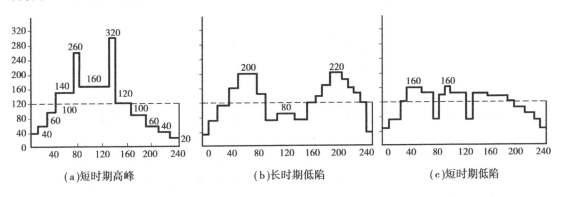

图 4.9　劳动力消耗动态图

劳动消耗的均衡性可用劳动力均衡性系数 K 进行评价:

$$K = \frac{最高峰施工期间工人人数}{施工期间每天平均工人人数}$$

（4.11）

最理想的情况是 K 接近于1,在2以内为好,超过2则不正常。

（4）主要施工机械的利用程度

在编制施工进度计划中,主要施工机械通常是指混凝土搅拌机、灰浆搅拌机、自行式起重机、塔式起重机等,在编制的施工进度计划中,要求机械利用程度高,可以充分发挥机械效率,节约资金。

应当指出,上述编制施工进度计划的步骤并不是孤立的,有时是相互联系,串在一起的,有时还可以同时进行。但由于建筑施工受客观条件影响的因素很多,如气候、材料供应、资金等,使其经常不符合设计的安排,因此在工程进行中应随时掌握施工情况,经常检查,不断进行计划的调整与修改。

8）施工进度计划的审核

上级单位对施工进度计划审核的主要内容有:

①单位工程施工进度目标应符合总进度目标及施工合同工期的要求,符合其开竣工日期的规定,分期施工应满足分批交工的需要和配套交工的要求。

②施工进度计划的内容全面无遗漏,能保证施工质量和安全的需要。

③合理安排施工程序和作业顺序。

④资源供应能保证施工进度计划的实现,且较均衡。

⑤能清楚分析进度计划实施中的风险,并制订防范对策和应变预案。

⑥各项进度保证计划措施周到可行、切实有效。

▶ 4.4.4 单位工程施工进度计划的实施

施工进度计划的实施过程就是单位工程建造任务的逐步完成过程,其主要内容如下:

①编制月(旬或周)施工进度计划。

②签发施工任务书,如施工任务单、限额领料单、考勤表等。

③在实施中做好施工进度记录,填写施工进度统计表,任务完成后作为原始记录和业务考核资料保存。

④做好施工调度工作。

▶ 4.4.5 单位工程施工进度计划执行中的检查与调整

施工进度计划的检查工作是为了检查实际施工进度,收集整理有关资料并与计划对比,为进度分析和计划调整提供信息。检查时主要依据施工进度计划、作业计划及施工进度实施记录。检查时间及间隔时间要根据单位工程的类型、规模、施工条件和对进度执行要求的程度等确定。

通过跟踪检查实际施工进度,得到相关的数据。整理统计检查数据后,采取横道图比较法、列表比较法、S形曲线比较法、"香蕉"形曲线比较法、前锋线比较法等方法,得出实际进度与计划进度是否存在偏差,形成实际施工进度检查报告。

对于存在偏差(超前、拖后)的进度计划,应分析引起进度偏差的原因及偏差值的大小,在对实际进度进行偏差分析的基础上要做出是否调整原计划的决定,需调整的要及时进行调整,力争使偏差在最短时间内,在所发生的施工阶段内自行消化、平衡,以免造成太大影响。

在施工进度计划完成后,应及时进行施工进度控制总结,为进度控制提供反馈信息。总结时依据的资料有:施工进度计划、施工进度计划执行的实际记录、施工进度计划检查结果及调整资料。

施工进度控制总结的主要内容有:合同工期目标和计划工期目标完成情况,施工进度控制经验及存在的问题,科学施工进度计划方法的应用情况,施工进度控制的改进意见等。

4.5 各项资源的需要量与施工准备工作计划

▶ 4.5.1 各项资源需要量计划

资源需要量计划指的是施工所需要的劳动力、材料、构件、半成品构件及施工机械计划,应在单位工程施工进度计划编制好后,按施工进度计划、施工图纸及工程量等资料进行编制。编制这些计划,不仅可以保证施工进度计划的顺利实施,也为做好各种资源的供应、调配、落实提供了依据。

（1）劳动力需要量计划

劳动力需要量计划,主要是为安排施工现场的劳动力,平衡和衡量劳动力消耗指标,安排临时生活设施提供依据。其编制方法是将各施工过程所需的主要工种的劳动力,按施工进度计划的安排进行叠加汇总而成。其表格形式如表4.2所示。

表4.2　劳动力需要量计划表

序　号	工种名称	劳动量（工日）	×月					×月				
			1	2	3	4	…	1	2	3	4	…

（2）主要材料需要量计划

主要材料需要量计划是用作施工备料、供料、确定仓库和堆场面积及做好运输组织工作的依据。其编制方法是根据施工进度计划表、施工预算中的工料分析表及材料消耗定额、储备定额进行编制。其表格形式如表4.3所示。

表4.3　主要材料需要量计划表

序　号	构件名称	规　格	需要量		供应时间	备　注
			单位	数量		

（3）构件和半成品构件需要量计划

构件和半成品构件的需要量计划主要用于落实加工订货单位,并按所需规格、数量和时间组织加工、运输及确定仓库或堆场。它是根据施工图和施工进度计划编制的。其表格形式如表4.4所示。

表4.4　构件和半成品构件需要量计划表

序　号	构件名称	规　格	图　号	需求量		使用部位	加工单位	供应日期	备　注
				单位	数量				

（4）商品混凝土需要量计划

商品混凝土需要量计划主要用于落实购买商品混凝土,以便顺利完成混凝土的浇筑工作。商品混凝土需要量计划是根据混凝土工程量大小进行编制的。其表格形式如表4.5所示。

表4.5　商品混凝土需要量计划表

序　号	混凝土使用地点	混凝土规格	单位	数量	供应时间	备　注

（5）施工机械需要量计划

施工机械需要量计划主要是确定施工机具的类型、规格、数量及使用时间，并组织其进场，为施工的顺利进行提供有利保证。编制的方法是将施工进度计划表中的每一个施工过程所用的机械类型、数量，按施工日期进行汇总。在安排施工机械进场时间时，应考虑到某些机械需要铺设轨道、拼装和架设的时间，如塔式起重机等。其表格形式如表4.6所示。

表4.6　施工机械需要量计划表

序　号	机械名称	规格型号	需求量		货　源	使用起止日期	备　注
			单位	数量			

▶ 4.5.2　施工准备工作计划

施工准备工作是完成单位工程施工任务，实现施工进度计划的一个重要环节，也是单位工程施工组织设计中的一项重要内容。为了保证工程建设目标的顺利实现，施工人员在开工前，根据施工任务、开工日期、施工进度和现场情况的需要，应做好各方面的准备工作。施工准备的主要内容有：

①熟悉与会审施工图纸。为了做到目的明确，正确地组织施工，应熟悉施工图纸，了解设计意图。着重分析：

　　a.拟建工程在总平面图上的坐标位置的正确性；

　　b.基础设计与实际地质条件的一致性；

　　c.建筑、结构和设备安装图纸上的几何尺寸、标高等相互关系是否吻合；

　　d.设计是否符合当地施工条件和施工能力；

　　e.设计中所需的材料资源是否可以解决；

　　f.施工机械、技术水平是否能达到设计要求；

　　g.对设计的合理化建议。

②编制单位工程施工组织设计和施工预算。

③组织劳动队伍。

④进行计划与技术交底。

⑤物资资源准备。

⑥现场准备。施工现场准备工作主要有：

a.清除障碍物；

b.做好"三通一平"（道路、水、电畅通、场地平整）；

c.核对勘察资料，了解地下情况；

d.做好施工场地围护，保护周围环境；

e.组织材料进场，按计划堆放；

f.施工机械进场；

g.搭设暂设工程（如工棚、材料库、休息室、食堂等）；

h.测量放线；

i.预订后续材料、设备等。

4.6 单位工程施工平面图设计

▶ 4.6.1 概　述

施工平面图是对拟建工程的施工现场所做的平面规划和布置，是施工组织设计的重要内容。它是按照一定的设计原则，确定和解决为施工服务的施工机械、施工道路、材料和构件堆场、各种临时设施、水电管网等的现场合理位置关系。

施工平面图是施工方案在施工现场的空间体现，反映了已建建筑和拟建工程、临时设施和施工机械、道路等之间的相互空间关系。它布置得是否合理，管理执行的好坏，对现场文明施工、施工进度、工程成本、工程质量和施工安全都将产生直接影响，因此，搞好施工平面图设计具有重要的意义。施工平面图绘制的比例一般为1:200~1:500。

▶ 4.6.2 施工平面图设计的依据和基本原则

1)施工平面图设计的依据

在绘制施工平面图之前，首先应认真研究施工方案、施工方法，并对施工现场和周围环境做深入细致的调查研究；对布置施工平面图所依据的原始资料进行周密的分析，使设计与施工现场的实际情况相符。只有这样，才能使施工平面图起到指导施工现场组织管理的作用。施工平面图设计的主要依据有以下3方面的资料：

（1）建设地区的原始资料

①自然条件调查资料，如地形、水文、工程地质和气象资料等，主要用于布置地面水和地下水的排水沟，确定易燃、易爆、淋灰池等有碍身体健康的设施的布置位置，安排冬、雨季施工期间所需设施的位置。

②技术经济条件调查资料，如交通运输、水源、电源、物资资源、生产和生活基地状况等，主要用于布置水、电管线和道路等。

（2）设计资料

①建筑总平面图，用于决定临时房屋和其他设施的位置，以及修建工地运输道路和解决给水排水等问题。

②一切已有和拟建的地上、地下的管道位置和技术参数，用以决定原有管道的利用或拆

除,以及新管线的敷设与其他工程的关系。

③建筑区域的竖向设计资料和土方平衡图,用以布置水、电管线,安排土方的挖填和确定取土、弃土地点。

④拟建房屋或构筑物的平面图、剖面图等施工图设计资料。

(3)施工组织设计资料

①主要施工方案和施工进度计划,用以决定各种施工机械的位置。

②各类资源需用量计划和运输方式。

2)施工平面图设计的基本原则

①现场布置尽量紧凑,节约用地,不占或少占非建筑用地。在保证施工顺利进行的前提下,布置紧凑、节约用地便于管理,并减少施工用的管线,降低成本。

②短运输、少搬运。在保证现场运输道路畅通的前提下,最大限度地减少场内运输,特别是场内二次搬运,各种材料尽可能按计划分期分批进场,充分利用场地。各种材料堆放位置,应根据使用时间的要求,尽量靠近使用地点,运距最短,既节约劳动力,也减少材料多次转运中的消耗,降低成本。

③控制临时设施规模,降低临时设施费用。在满足施工的条件下,尽可能利用施工现场附近的原有建筑物作为施工临时设施,多用装配式的临设,精心计算和设计,从而少用资金。

④临时设施的布置,应便于施工管理及工人的生产和生活,使工人至施工区的距离最近,往返时间最少,办公用房应靠近施工现场,福利设施应在生活区范围之内。

⑤遵循建设法律法规对施工现场管理提出的要求,利于生产、生活、安全、消防、环保、市容、卫生防疫、劳动保护等。

▶ 4.6.3 施工平面图设计的主要内容

施工平面图设计的主要内容有:

①建筑平面上已建和拟建的一切房屋、构筑物和其他设施的位置和尺寸。

②拟建工程施工所需的起重与运输机械、搅拌机等位置及其主要尺寸,起重机械的开行路线和方向等。

③地形等高线,测量放线标桩的位置和取弃土的地点。

④为施工服务的一切临时设施的位置和面积。

⑤各种材料(包括水、暖、电、卫等材料)、半成品、构件和工业设备等的仓库和堆场。

⑥施工运输道路的布置和宽度、尺寸,现场出入口,铁路和港口位置等。

⑦临时给水排水管线、供电线路、热源气源管道和通信线路等的布置。

⑧一切安全和防火设施的位置。

▶ 4.6.4 施工平面图设计的步骤

施工平面图设计的一般步骤是:确定起重机械的位置→布置材料和构件的堆场→布置运输道路→布置各种临时设施→布置水电管网(含布置安全消防设施)。单位工程施工平面图设计的程序如图4.10所示。

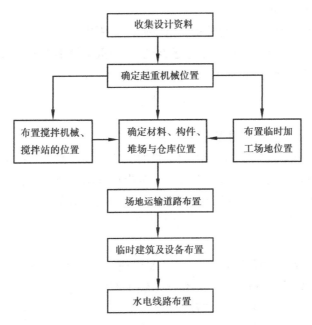

图 4.10 单位工程施工平面图的设计程序

1)确定起重机械位置

起重机械位置的确定直接影响到施工设备、临时加工场地以及各种材料、构件的仓库和堆场位置的布置,也影响到场地道路及水电管网的布置,因此必须首先确定。但由于不同的起重机械其性能及使用要求不同,平面布置的位置也不相同。

(1)轨道式起重机的平面布置

轨道式起重机的布置,主要根据房屋形状、平面尺寸、现场环境条件、所选用的起重机性能及所吊装的构件质量等因素来确定。

在一般情况下,起重机沿建筑的长度方向布置在建筑物外侧,有单侧布置及双侧(或环形)布置两种,如图4.11所示。

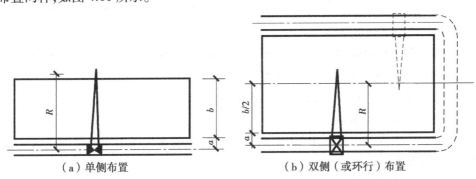

(a)单侧布置   (b)双侧(或环行)布置

图 4.11 轨道式起重机在建筑物外侧布置示意图

当建筑房屋平面宽度小、构件轻时,可单侧布置。此时起重半径必须满足:

$$R \geqslant b + a \tag{4.12}$$

式中 R——轨道式起重机起吊最远构件的起重半径,m;

　　b——建筑物宽度,m;

　　a——建筑物外侧到轨道式起重机轨道中心线的距离,m。

　　当建筑房屋宽度大、构件重、单侧布置起重机,其起重半径不能满足最远构件的吊装要求时,可双侧或环形布置。此时,起重半径必须满足:

$$R \geqslant \frac{b}{2} + a \qquad (4.13)$$

　　轨道式起重机进行布置时应注意以下几点:

　　①轨道式起重机布置完成后,应绘出起重机的服务范围。其方法是分别以轨道两端有效端点的轨道中心为圆心,以起重机最大回转半径为半径画出两个半圆,并连接这两个半圆。

　　②建筑物的平面应处于吊臂的回转半径之内(起重机服务范围之内),以便将材料和构件等运至任何施工地点,此时应尽量避免出现"死角"。

　　③尽量缩短轨道长度,降低铺轨费用。

　　④建筑物的一部分不在服务范围之内时(即出现"死角"),在吊装最远部位的构件时应采取一定的安全技术措施,以确保这一部位的吊装工作顺利进行。

　　(2)固定式垂直起重设备的平面布置

　　固定式垂直起重设备有固定式塔式起重机、钢井架、龙门架、桅杆式起重机等。布置时应充分发挥设备能力,使地面或楼面上运距短。故应根据起重机械的性能、建筑物的平面尺寸、施工段的划分、材料进场方向及运输道路确定。

　　通常当建筑物各部位的高度相同时,固定式起重设备沿长度方向布置在施工段分界线附近;当建筑物各部位的高度不相同时,起重机布置在高低分界线处高的一侧,以避免高低处水平运输施工互不干涉;井架、龙门架一般布置在窗口处,以避免砌墙留槎和减少拆除井架后的修补工作。应特别注意固定式起重运输设备中的卷扬机的位置,不应距离起重机过近,阻挡司机视线,应使司机可观测到起重机的整个升降过程,以保证安全生产。

　　(3)自行式起重机开行路线的确定

　　自行式起重机一般为履带式起重机、汽车式起重机和轮胎式起重机,其开行路线主要取决于建筑物的平面尺寸、施工方法、场地四周的环境及构件的类型、大小和安装高度。开行路线有跨中行驶和跨边行驶两种。

　　2)确定搅拌机(站)或混凝土泵、临时加工场地及材料、构件的堆场与仓库的位置

　　搅拌机(站)、临时加工场地及材料仓库、堆场的位置确定应尽量靠近使用地点,同时应布置在起重机的有效服务范围内,应考虑到方便运输与装卸。

　　(1)搅拌机(站)位置的确定

　　搅拌机(站)的布置应尽量选择在靠近使用地点并在起重设备的服务范围以内。根据起重机类型的不同有下列几种布置方案:

　　①采用固定式垂直运输设备时,搅拌机(站)尽可能靠近起重机布置,以减少运距或二次搬运。

　　②当采用塔式起重机时,搅拌机应布置在塔吊的服务范围内。

　　③当采用无轨自行式起重机进行水平或垂直运输时,应沿起重机运输线路一侧或两侧进行布置,位置应在起重机的最大外伸长度范围内。

（2）混凝土泵或混凝土泵车位置的确定

在泵送混凝土施工过程中，混凝土泵或混凝土泵车的停放位置，不仅影响其输送管的配置，也影响到施工的顺利进行。所以混凝土泵或混凝土泵车布置时应考虑下列条件：

①力求距离浇筑地点近，使所浇的结构在布料杆的工作范围内，尽量少移动泵或泵车即能完成任务。

②多台混凝土泵或泵车同时浇筑时，其位置要使其各自承担的浇筑任务尽量相等，最好同时浇筑完毕。

③停放地点要有足够的场地，以保证供料方便，道路畅通。

④为便于混凝土泵或混凝土泵车的使用，最好将其靠近供水和排水设施停放。

⑤对于拖式混凝土泵车，除应满足上述要求外，还必须考虑到其进场与出场的方便及安全。同时，停放位置应离建筑物有一定的距离，并设置一定长度的水平管，利用该水平管中的摩擦阻力来抵消垂直管中因混凝土自重造成的逆流压力。

（3）临时加工场地位置的确定

单位工程施工平面图中的临时加工场地一般是指钢筋加工场地、木材加工场地、预制构件加工场地、淋灰池等。平面位置布置的原则是尽量靠近起重设备，并按各自的性能从使用功能来选择合适的地点。

钢筋加工场地、木材加工场地应选择在建筑物四周，且有一定的材料、成品堆放处。钢筋加工应尽可能设在起重机服务范围之内，避免二次搬运。木材加工场地应根据其加工特点，选在远离火源的地方。淋灰池应靠近搅拌机（站）布置。构件预制场地位置应选择在起重机服务范围内，且尽可能靠近安装地点。布置时还应考虑到道路的畅通，不影响其他工程的施工。

（4）仓库位置与材料构件堆场的确定

①仓库应根据其储存材料的性能和仓库的使用功能确定其位置。通常，仓库应尽量选择在地势较高、周边能较好地排水、交通运输较方便的地方，如水泥仓库应靠近搅拌机（站）。其他仓库的位置也应根据其使用功能而定。

②材料构件的堆场平面布置的原则是应尽量缩短运输距离，避免二次搬运。砂、石堆场应靠近搅拌机（站），砖与构件应尽可能靠近垂直运输机械布置（基础用砖可布置在基坑四周）。

3）现场运输道路的布置

现场运输道路分为单行道路和双行道路，单行道路宽为 3~3.5 m，双行道路为 5.5~6 m，为保证场内道路畅通，便于车辆回转，按材料和构件运输的需要，沿着仓库和堆场成环行线路布置，布置时应尽量利用永久性道路。

4）临时生产、生活设施的布置

办公室、工人休息室、门卫、食堂、浴室等非生产性临时设施布置应考虑到使用的方便，不妨碍施工，满足防火、防洪及保安要求。布置时要尽量利用建设单位所能提供的设施。一般办公室、门卫应布置在工地出入口处，工人休息室、食堂、浴室等布置在作业区附近的上风向处。行政管理用房及临时用房面积可参考表4.7。

表 4.7　临时宿舍、文化福利和行政管理用房面积参考指标

序 号	行政、生活、福利建筑物名称	单 位	面 积	备 注
1	办公室	m²/人	3.5	使用人数按干部人数的 70% 计算
2	单身宿舍			
	(1)单层通铺	m²/人	2.6~2.8	
	(2)双层床	m²/人	2.1~2.3	
	(3)单层床	m²/人	3.2~3.5	
3	家属宿舍	m²/户	16~25	
4	食堂兼礼堂	m²/人	0.9	
5	医务室	m²/人	0.06	不小于 30 m²
6	理发室	m²/人	0.03	
7	浴 室	m²/人	0.10	
8	开水房	m²	10~40	
9	厕 所	m²/人	0.02~0.07	
10	工人休息室	m²/人	0.15	

5)水、电管网布置

(1)施工用临时给水管网布置

一般从建设单位的干管或自行布置的干管接到用水地点,应力求管网总长度最短。管径的大小和出水龙头的数目及设置,应视工程规模的大小通过计算确定。管道可埋于地下,也可铺于路上,以当地的气候条件和使用期限的长短而定。在工地内要设置消防栓,消防栓距建筑物应不小于 5 m,也不应大于 25 m,距路边不大于 2 m,条件允许时可利用已有消防栓。

有时为了防止水的意外中断,可在建筑物旁布置简易的蓄水池,以储备一定的施工用水,高层建筑还应在水池边设泵站。

(2)施工临时用电线路布置

施工临时用电线路的布置应尽量利用已有的高压电网或已有的变压器进行布线,线路应架设在道路一侧,且距建筑物水平距离大于 1.5 m,电杆间距为 25~40 m,分支线及引入线均由电杆处接出,在跨越道路时应根据电气施工规范的尺寸要求进行配置与架设。

在进行单位工程施工平面图设计时,必须强调指出,建筑施工是一个复杂的施工过程。各种施工设备、施工材料及构件均是随工程的进展而逐渐进场的,但又随工程的进展不断变动。因此在设计平面图时,要充分考虑到这一点,应根据各单位工程在各个施工阶段中的各项要求,将现场平面合理划分,综合布置,使各施工过程在不同的施工阶段具有良好的施工条件,指导施工顺利进行。

▶ 4.6.5 施工平面图布置实例

图 4.12 所示为某多层钢筋混凝土框架结构建筑的施工平面图。根据拟建建筑物的平面位置及尺寸、现场的具体情况,选用轨道式起重机,单侧布置在拟建房屋北边。砂、石堆场设在搅拌机附近;临时生产、生活用房分别布置在拟建建筑的南北两侧,为使场内道路畅通,装卸方便,按环行布置单行车道,并由南侧出入场地。

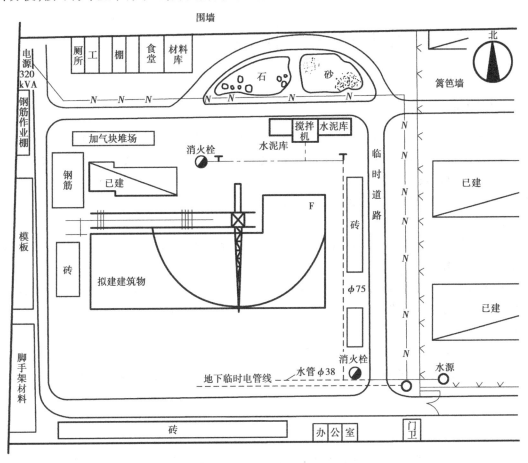

图 4.12 某多层钢筋混凝土结构建筑施工平面图

▶ 4.6.6 单位工程施工平面图的技术经济评价指标

根据单位工程施工平面图的设计原则并结合施工现场的具体情况,施工平面图的布置可以有几种不同的方案,需进行技术经济比较,从中选择最经济、最合理、最安全的平面布置方案。可以通过计算、分析下列技术经济指标获得所需的平面布置方案。

①施工用地面积及施工占地系数:

$$施工占地系数 = \frac{施工用地面积(m^2)}{建筑面积(m^2)} \times 100\% \tag{4.14}$$

②施工场地利用率:

$$施工场地利用率=\frac{施工设施占用面积(m^2)}{施工用地面积(m^2)}×100\% \qquad (4.15)$$

③施工用临时房屋面积、道路面积、临时供水线长度及临时供电线长度。

④临时设施投资率：

$$临时设施投资率=\frac{临时设施费用总和(元)}{工程总造价(元)}×100\% \qquad (4.16)$$

4.7 单位工程施工组织设计实例

一、工程概况

××企业,由于生产规模的不断扩大,原有生产车间已不能满足生产需要,故拟增建分流生产车间,该工程设计单位为××市建筑设计院,建设单位与施工单位(该市第六建筑工程有限公司)、监理单位(该市××建设监理公司)已签订合同。该工程开工日期为××年3月1日,竣工日期为××年8月24日,日历工期178天。

1)建筑地点特征

该生产综合楼坐落在厂区南侧,东侧紧靠开发区主干道,北侧距原厂区建筑物29.5 m,施工现场场地宽敞。

地下土质情况由工程地质勘察报告提供。地表以下3.2 m为杂填土,应作弃土运走,以下为粉质黏土。地下水位在现地坪以下1.5 m左右,该地区地下水量丰富,属弱碱性水,对混凝土和钢筋无腐蚀性。

该市冬季大约在11月中旬至次年的3月中旬,主导风向为西北风。夏季最高气温38 ℃,主导风向为西南风。年平均降水量为500 mm左右,6—9月是降水量较集中的季节,达400 mm以上。

2)工程特点

本综合楼工程占地1 059 m²,建筑面积3 334 m²。建筑物为主体4层,局部5层。首层层高4.5 m,2~4层层高4.2 m,5层(电梯间)为3.9 m,总高度为21 m。为满足生产运输的要求,建筑物首层外设站台。建筑物整体呈矩形,楼内设两部生产用电梯,一部双跑楼梯。室外设一部外楼梯作为消防通道。

本综合楼工程采用现浇钢筋混凝土框架结构。横向三跨,两边跨跨距为7.2 m,中跨跨距为7.5 m,纵向柱距为6 m。结构柱除首层为500 mm×600 mm矩形柱外,其余各层均为500 mm×500 mm的方形柱,共28根。横向框架梁断面为300 mm×800 mm,纵向框架梁断面为300 mm×600 mm。楼板为现浇肋梁楼盖,厚度为100 mm,屋面板厚度为80 mm,楼板梁断面为250 mm×500 mm。建筑抗震设防为7度。综合楼工程建筑立面和标准层结构平面图如图4.13所示。

本工程首、2层梁柱的混凝土强度等级均为C30,3、4层和局部5层为C25,其他构件采用C20。主要受力钢筋为HRB335,箍筋、构造筋为HPB235。

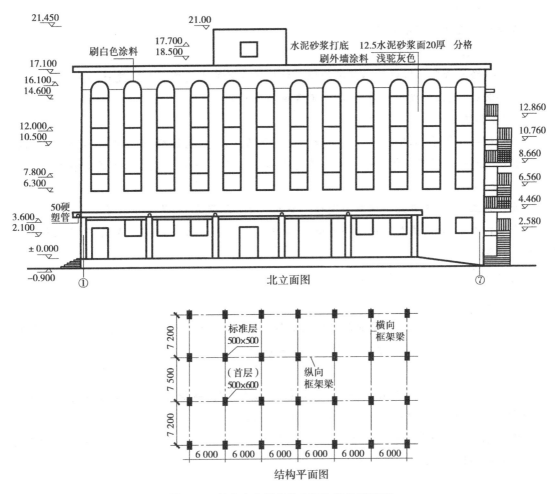

图 4.13 某生产车间建筑立面和结构平面图

3)施工现场条件

①根据建设单位提供的情况,红线内地下无障碍物,现场东侧有上水干管,建设单位已接通正式水,水表位置在厂区入口处,施工用水可由此接入。现场东北角有箱式变电站一座,可解决施工用电问题。

②场地基本平整,场内运输道路的入口紧靠小区主干道。

③建设单位提供了 4 个坐标点和 2 个水准点。

④该建筑物周围没有临时建筑,原有建筑与拟建建筑被厂区入口的道路分开,施工现场用地较开阔。

二、施工方案

(一)施工流向与施工顺序

1)施工流向

本工程划分为基础工程、主体工程、装饰工程 3 个分部工程。其施工流向为:基础和主体为自下而上施工;装饰施工在屋面防水工程完工后,自上而下施工,先外装修后内装饰。

2)施工顺序

各分部工程施工顺序如下：

(1)基础工程

挖土→修坡清底→搭架子→基础处理→打垫层→混凝土支模,绑筋,浇筑→养护,拆模→砖砌筑→回填(挖土后设排水系统,排水直至回填结束)。

(2)主体工程

立塔吊→搭架子→扎柱筋→柱支模→浇柱混凝土→支梁板模板→绑筋→浇梁板混凝土→养护达到设计强度后拆架子→砌筑填充墙→安门窗,一层主体完工后立龙门架。

(3)装饰工程

外装饰工程:立双排架→抹灰→涂料→安雨水管→抹散水、台阶→拆架子。

内装饰工程:内墙抹灰→顶棚→地面→涂料→门窗扇→油漆、五金、玻璃(2层抹灰完工后拆龙门架)。

(二)施工方法与施工机械的选择

1)基础工程

本工程为桩承台基础,桩基础施工使用履带式柴油打桩机,锤重 2.5 t,打完桩后用送桩设备将桩送至 -2.4 m 的位置(打桩、送桩工程由基础公司承包)。

(1)挖土方

该车间桩顶标高 -2.4 m,第一层挖土采用机械开挖,挖深 2 m,人工修坡清底。采用 WY600 反铲挖土机一台,斗容量 0.6 m³,自卸汽车 4 辆。

根据地质情况,-3.2 m 以上为杂填土,须进行地基处理,故第二层挖土深度 1.2 m,为避免机械开挖扰动桩基,因此该部分为人工挖土。

(2)回填石屑

应分层回填夯实,回填至桩顶标高 -2.4 m 处。回填时搭架子,用 4 台蛙式打夯机分层夯实。由于挖土深度较深,故考虑放坡,坡度 1∶0.38。

(3)排水措施

本工程槽在地下水位以下,地表水及雨水采用明沟→集水井→水泵系统排出场外。排水沟下口宽 30 cm,上口宽 50 cm,高 50 cm,2‰放坡,30 m 设一个集水井,集水井直径 1.2 m,井筒码砖 20 层,用麻绳捆紧,井底低于排水沟 1.0 m,井底铺砂石滤水层。排水至回填土达地下水位以上时,将集水井内水排掉再回填。

(4)承台混凝土施工

挖土工程完工后,经设计单位、监理单位验收合格后,方可进行下一工序施工。先把控制桩引入槽内,用水准仪抄平,以控制标高。根据图纸对基础及柱根尺寸进行弹线、支模、绑扎钢筋。基础模板采用组合钢模板加短木支撑。

混凝土采用商品混凝土,使用插入式振捣器边浇筑边振捣,注意快插、慢拔,插点均匀排列。混凝土在浇筑 12 h 后进行浇水养护。

（5）砖砌体

待混凝土强度达到规范要求时，可进行基础墙体施工，施工前应对轴线尺寸进行校正，无误后进行砌筑，砌筑时立皮数杆控制灰缝及标高，砌筑砂浆为 M5.0，现场搅拌。砖采用 MU10 页岩砖。

（6）回填土

回填土采用蛙式打夯机分层夯填，柱周围用木夯夯实，素土干密度应满足规范要求。

2）主体工程

（1）垂直运输机械

在建筑物南侧延长向布置一台 TQ60/80 塔吊（低塔）。$M = 800 \text{ kN} \cdot \text{m}$，塔高 30 m，回转半径 25 m 时最大起重量 3.2 t。塔吊主要用于混凝土浇筑，采用塔吊吊料斗的方法，斗容量 1 m³，重 0.7 t，加混凝土重 2.5 t，共 3.2 t，塔吊能满足要求。

在 1 层主体完工后，在楼北侧立卷扬机和井架，用作装修材料和灰浆等的垂直运输。

（2）模板

采用组合钢模板散支散拆。考虑到纵、横框架梁不等高，故柱钢模配模高度在标准层均配至 3.40 m 处，再配以 200 mm 高的木枋（厚与钢模肋高同，取 50 mm），恰好到梁底标高。

（3）钢筋

本工程采用钢筋直径均在 $\phi25$ 以内，故在现场进行加工绑扎。为保证每层钢筋截面接头小于 50%，采用错层搭接的方式。横向框架梁下部纵筋在中柱处对称搭接，$L_d > 700 \text{ mm}$。纵向框架梁上部纵筋在跨中搭接，$L_d \geq 35 \, d$；下部纵筋在柱根处对称搭接，对 $\phi20 \sim 22$ 的钢筋，$L_d \geq 1\ 000 \text{ mm}$，对于 $\phi16 \sim 18$ 的钢筋，$L_d \geq 700 \text{ mm}$。

外墙与柱之间应设拉结筋，沿高度每隔 500 mm 和柱内的 2 根 $\phi6$ 钢筋拉结。

（4）混凝土施工

采用商品混凝土，机械振捣，柱每层分 3 次循环浇灌和振捣。

主体工程分为 2 段，施工缝留在纵向 4 轴至 5 轴梁跨中 1/3 处，应留立槎。

（5）脚手架

采用钢管扣件脚手架，硬架支模方案，这样既可作施工用脚手架，又可作梁板模板的竖向支撑。砌墙用里脚手架，每步架高 1.5 m。

（6）填充墙施工

填充墙采用加气混凝土砌块，用 M2.5 混合砂浆砌筑。

3）装饰工程

（1）主要操作程序

外装饰工程：抹灰，刷涂料，安雨水管，抹台阶散水、明沟等。

内装饰工程：抹灰，刷涂料，安门窗扇，油漆，安玻璃等。

（2）主要施工方法

内墙墙面可先在砌体表面涂刷 TG 胶一道，抹掺 TG 胶的水泥砂浆底层，罩纸筋灰面层，再刷涂料。外墙墙面基层处理和底层做法同内墙，待做完中、面层灰浆后，再刷涂料面层。室内装修前必须将屋面防水做好,以防上面漏水污染墙面。

三、施工进度计划的说明

①该施工进度计划工期为178天,自××年3月1日开工,于同年8月24日竣工,施工项目43项,其中基础13项、主体15项、装饰15项。

②施工进度网络计划:本工程的施工进度网络计划,如图4.14所示。该网络图按照JGJ/T 121—99规程绘制,图中粗线代表关键线路,总工期为178天。

③主要工程量、主要劳动力需用量计划、材料需用量计划、机械需用量计划分别见表4.8、表4.9、表4.10和表4.11。

表4.8 主要工程量汇总表

工程项目	单 位	工程量	备 注	工程项目	单 位	工程量	备 注
挖土方	m³	2 498	基础	钢 筋	kg	15 000	主体
垫 层	m³	31	基础	地 面	m²	786	装修
承 台	m³	165	基础	楼 面	m²	264	装修
条 基	m³	5	基础	墙 裙	m²	819	装修
地 梁	m³	54	基础	楼梯抹灰	m²	129	装修
基础柱	m³	12	基础	踢脚板	m²	30	装修
回填土	m³	2 743	基础	内墙面	m²	2 347	装修
混凝土梁	m³	294	主体	顶 棚	m²	3 073	装修
混凝土板	m³	324	主体	屋 面	m²	821	装修
混凝土柱	m³	129	主体	雨篷抹面	m²	222	装修
混凝土构造柱	m³	10	主体	挑檐抹灰	m²	228	装修
混凝土挑檐	m³	10	主体	独立柱抹灰	m²	304	装修
混凝土楼梯	m²	129	主体	外墙面	m²	2 104	装修
钢 门	m²	69	主体	站台地面	m²	220	装修
钢 窗	m²	244	主体	台 阶	m²	2	装修
玻 璃	m²	244	主体	雨水管	m	143	装修
油 漆	m²	158	主体	楼梯栏杆	m	87	装修
脚手架	m²	3 567	主体	埋 件	kg	12	装修
砌 墙	m³	592	主体	散 水	m²	50	装修

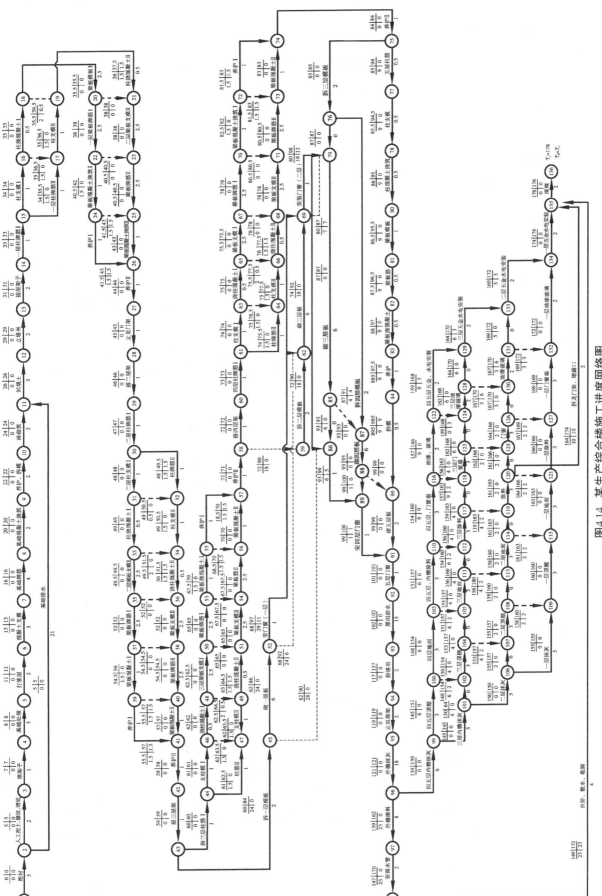

图4.14 某生产综合楼施工进度网络图

表 4.9　劳动力需用量计划

工　种	班组数	班组人数	基　础	主　体	装　饰	备　注
灰土工	1	10	62			有 1 班 6 人,持续时间 2 d
混凝土工	1	60	136	840		有 1 班 8 人,持续时间 2 d
架子工	1	10	10	70	60	
钢筋工	1	60	240	1 800		
木　工	1	60	180	2 340	5	有 1 班 5 人,持续时间 1 d
瓦　工	1	10	20	520	20	有 1 班 20 人,持续时间 27 d
抹灰工	1	10			1 465	有 1 班 25 人,持续时间 15 d 有 1 班 35 人,持续时间 30 d 有 1 班 5 人,持续时间 1 d
油漆工	1	10			280	
防水工	1	4			20	

表 4.10　材料需用量计划

材　料	总　量	进场时间	分段需用量				
商品混凝土	1 153 m³	3 月 12 日	按计划供应				
水　泥	313 t	3 月 1 日	3 月 1 日	4 月 1 日	5 月 10 日	7 月 1 日	8 月 10 日
			43 t	30 t	90 t	90 t	60 t
砂	449 m³	3 月 1 日	3 月 1 日	4 月 1 日	5 月 10 日	7 月 1 日	9 月 10 日
			49 m³	130 m³	70 m³	80 m³	120 m³
砌　块	592 m³	3 月 1 日	3 月 1 日	5 月 10 日	5 月 18 日	5 月 25 日	6 月 2 日
			53.8 m³	134.5 m³	134.5 m³	134.5 m³	134.5 m³
钢　筋	150 t	3 月 8 日	3 月 8 日	3 月 18 日	4 月 3 日	4 月 18 日	5 月 3 日
			30 t	35 t	35 t	35 t	15 t
白　灰	30 t	3 月 15 日	3 月 15 日 30 t				
钢模板	560 m²	3 月 10 日	3 月 10 日	3 月 18 日	3 月 28 日		
			180 m²	280 m²	100 m²		
脚手架	6 500 根	3 月 5 日	3 月 5 日	3 月 16 日	4 月 1 日	6 月 28 日	
			500 根	1 200 根	1 200 根	3 600 根	
扣　件	15 000 个	3 月 5 日	3 月 5 日	3 月 16 日	4 月 1 日	6 月 28 日	
			2 000 个	4 000 个	4 000 个	5 000 个	

材 料	总 量	进场时间	分段需用量			
脚手板	2 600 块	3月5日	3月5日	3月16日	4月1日	6月28日
			300 块	500 块	500 块	1 300 块
安全网	1 200 片	4月2日	4月2日	4月18日	5月3日	
			300 片	300 片	600 片	

表 4.11 施工机械需用量计划

序 号	机具名称	型 号	需用量		使 用
			单位	数量	
1	塔 吊	TQ60/80	台	1	主体垂直运输
2	卷扬机	JJM-3	台	1	装修垂直运输
3	振捣棒	21Z-50	台	4	浇混凝土
4	蛙 夯	21W-60	台	4	基础回填
5	钢筋切断机	GJS-40	台	1	钢筋制作
6	钢筋调直机		台	7	钢筋制作
7	电焊机	BX3-300	台	2	钢筋制作
8	砂浆搅拌机	JQ250	台	2	砖砌筑
9	抹灰机械	21M-66	台	2	混凝土表面抹光
10	挖土机	WY60	台	1	基础挖土
11	载重汽车		台	4	运输(运土)
12	电锯电刨		台	2	木活加工
13	离心水泵		台	2	基础排水
14	筛砂机		台	1	主 体

四、施工平面图布置说明

1)平面布置原则

①临时道路的布置,已考虑和永久性道路相结合,以保证场内运输通畅。

②根据塔吊最大回转半径和最大起重量确定塔吊位置,沿建筑物的长向布置在较开阔处。

③构件堆放尽可能布置在塔吊回转半径范围内。

④对于有特殊要求的材料,半成品应放在仓库内。

⑤施工用电由建设单位提供电源进线,不另设变压器。

⑥施工用水主管管径为 50 mm,支管管径为 40 mm,消防栓间距 100 m,消防用水管和生活用水管合并使用。

⑦职工宿舍的布置要尽量远离生产加工区、办公区及施工现场。

2)现场临时设施

现场临时设施见表 4.12。

表 4.12 现场临时设施情况

序 号	设 施	规 格	单 位	数 量
1	搅拌机棚	4×3	m²	12
2	水泥库	6×6	m²	36
3	木工棚	6×8	m²	48
4	钢筋棚	6×10	m²	60
5	工具材料仓库	5×12	m²	60
6	办公室	5×8	m²	40
7	宿 舍	5×25	m²	125
8	门 卫	3×3	m²	9
9	总 计		390 m²	

3)施工平面布置图

施工平面布置图如图 4.15 所示。

五、主要施工技术与组织措施

(一)工地管理机构与组织系统

该工程实行项目经理责任制。施工单位指定项目经理对工程项目负责。下设技术负责人、材料员(负责材料计划控制)、施工员(具体施工、质量和测量放线)、预算员(负责成本预算控制)、质量员、安全员等。要求现场管理人员具备相应资格条件,必须持证上岗。

(二)技术质量保证措施与安全措施

1)技术保证措施

①收到正式图纸后组织力量做好图纸审查和各专业图纸会审工作,及时解决图纸上的问题,由技术负责人负责协调管理。

②设专人负责组织编制施工组织设计,要结合施工实际严格审批、变更及检查制度,做好各级技术交底工作。

③施工过程中要认真积累技术档案资料,明确入档份数及标准,定期回收资料,按要求编制竣工档案。

④加强原材料试验及管理工作,原材料要有出厂证明及复试证明材料。

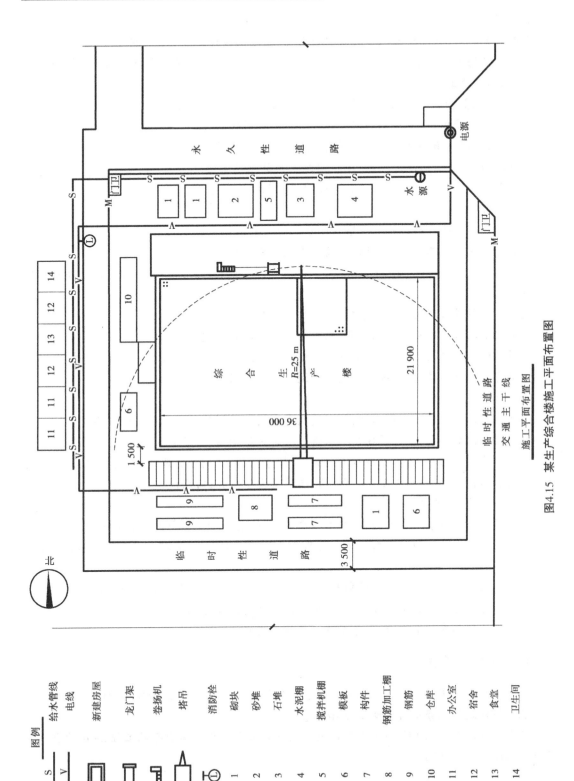

图4.15 某生产综合楼施工平面布置图

图例	
S	给水管线
V	电线
	新建房屋
	龙门架
	卷扬机
	塔吊
⊥	消防栓
1	砌块
2	砂堆
3	石堆
4	水泥棚
5	搅拌机棚
6	模板
7	构件
8	钢筋加工棚
9	钢筋
10	仓库
11	办公室
12	宿舍
13	食堂
14	卫生间

2）质量保证措施

①基础开挖时，如发现土质情况与勘探图不符，应与设计单位研究处理。

②基础及场地回填土应分层夯实至室外地坪标高，以满足铺设塔吊轨道和汽车通行的要求，并可保证回填土质量。

③按照《地基和基础工程施工验收规范》要求，做好建筑物的沉降观测。

④为防止柱子位移，每层都要用经纬仪从标准桩引线。

⑤钢筋、构件进场要有专人检验，按型号、类别分别堆放。

⑥抹灰前，砌块墙面须清理，并浇水湿润。为防止抹灰起壳开裂，要求砂子必须是中砂，含泥量控制在3%以下，同时必须严格控制砂浆中的水泥用量。

3）安全措施

①塔吊使用中要严格遵守有关塔式起重机的安全操作规程。

②第一层主体施工完后，应沿建筑物四周装设安全网。

③砌体的堆放场地应预先平整夯实，不得有积水，堆放要稳定，以防倒塌伤人，高度不得超过3 m。

④施工人员进入现场要戴安全帽，高空作业要戴安全带。

⑤非机电人员不准动用机电设备，机电设备防护措施要完善。

⑥现场道路保持畅通，消火栓要设明显标记，附近不准堆物，消防工具不得随意挪用。

⑦电梯井口要层层封闭，井内每隔二层设一道安全网。

4）季节性施工措施

①雨季施工首先应做准备工作，特别是雨季期间工程材料和防水材料的准备工作。

②现场要做好排水工作，现场排水通道应随时保证畅通，应设专人负责，定期疏通。

③对于原材料的存放，水泥应按不同品种、标号、出厂日期分类码放，要遵循先收先用，后收后用的原则，避免久存水泥受潮。砂、石、砖尽量大堆堆放，四周设排水点。

④现场电气、机械要有防雨措施。

⑤下雨时砌筑砂浆应减小稠度，并加以覆盖，下雨前新砌体和新浇筑混凝土应加以覆盖，以防雨冲。被雨水冲过的墙体需拆除上面两匹砖再继续砌筑，中雨以上应停止砌砖和浇筑混凝土。

⑥注意收听次日天气情况及近期天气趋势，做好雨季施工准备。雨前浇筑混凝土要根据结构情况尽可能考虑好施工缝位置，以便大雨来时浇筑到合理位置。

⑦由于没到冬季施工期，所以冬季施工措施可省略。

六、主要技术经济指标

①单位面积建筑造价1 320元/m^2，总造价440万元，比预算总造价节约3%。

②单位建筑面积劳动消耗量2.42 d/m^2。

③本工程定额工期185 d；合同工期190 d；计划工期178 d，其中基础工程29 d、主体工程73 d、屋面与装修工程76 d。

思考题

1.什么是单位工程施工组织设计？它包括哪些内容？

2.试述单位工程施工组织设计的作用及其编制依据和编制程序。

3.单位工程施工组织设计中的工程概况包括哪些内容？

4.单位工程施工组织设计中的施工方案包括哪些内容？

5.什么是单位工程的施工起点流向？

6.确定施工顺序应遵守的基本原则有哪些？

7.试述多层砖混结构建筑物的施工顺序。

8.试述多层框架结构建筑物的施工顺序。

9.试述装配式厂房的施工顺序。

10.选择施工方法和施工机械应注意哪些问题？

11.试述施工组织设计中技术组织措施的主要内容。

12.编制单位工程施工进度计划的作用和依据有哪些？

13.试述单位工程施工进度计划的编制程序。

14.在施工进度计划中划分施工项目有哪些要求？

15.单位工程施工组织设计编制时工程量计算应注意什么问题？

16.如何确定一个施工项目需要的劳动工日数或机械台班数？

17.怎样确定完成一个施工项目的延续时间？

18.如何初排施工进度？怎样进行施工进度计划的检查与调整？

19.资源需要量计划有哪些？

20.单位工程施工平面图一般包括哪些主要内容？其设计原则是什么？

21.试述单位工程施工平面图的设计步骤。

22.试述塔式起重机的布置要求。

23.搅拌站、加工厂、材料堆场的布置要求有哪些？

24.试述施工道路的布置要求。

25.试述临时供水、供电设施的布置要求。

5

施工方案及 BIM 技术应用

【本章导读】本章介绍施工方案的编制、主要施工管理计划，以及介绍 BIM 技术在施工组织设计的应用。要求：熟悉施工方案的概念、分类、内容及审批要求；熟悉安全专项施工方案的主要内容及有关文件的规定；会编制某一分部分项工程的施工方案；熟悉建筑工程施工组织设计的主要施工管理计划；了解 BIM 技术的定义及应用价值，熟悉施工阶段的 BIM 应用建模方式、软件工具的使用。

5.1 施工方案编制

▶ 5.1.1 施工方案概念、分类、内容及要求

1)施工方案概念及其分类

施工方案是以分部(分项)工程或专项工程为主要对象编制的施工技术与组织方案，用以具体指导其施工过程。

施工方案是对施工组织设计中的施工方法的深化和延续，是把施工组织设计宏观决策的内容转变成微观层面的内容。施工方案比施工组织设计的内容更为详实、具体，而且具有针对性。施工方案中对施工要求、工艺做法的描述开始定量化，同时图纸内容更多地在方案中得到体现，即图纸的特殊性和规范的一般性的相互融合，比如：在浇筑墙体混凝土时，规范要求在墙根部接浆，不能照抄照搬规范，应写为"浇筑与原混凝土内相同成分的减石子砂浆，浇筑厚度为 5 cm"，这是完整、具体、定量的描述，至于采取什么方法满足浇筑厚度 5 cm 的要求，

这是技术交底中要写的内容。

施工方案面向的对象是项目中层管理人员,原则上由项目技术负责人组织编制。施工方案主要是针对某一分部工程对施工组织设计的具体化,对特定分部工程的实施起指导作用。施工方案分为 3 类:

Ⅰ类:超过一定规模的危险性较大工程专项安全施工方案,符合住房和城乡建设部关于《危险性较大的分部分项工程安全管理办法》(建质[2009]87 号)附件二条件的安全专项施工方案。

Ⅱ类:危险性较大工程专项安全施工方案,符合住房和城乡建设部关于《危险性较大的分部分项工程安全管理办法》(建质[2009]87 号)附件一条件的安全专项施工方案。

Ⅲ类:一般性专项安全施工方案和专项技术施工方案(含机电专业方案)。

2)施工方案的编制内容

(1)编制依据

编制依据是施工方案编制时所依据的条件及准则,一般包括施工组织设计、现场施工条件、图纸、技术标准、政策文件等内容。

(2)工程概况

施工方案的工程概况不是介绍整个工程的概况,而是针对本分部(分项)工程内容进行介绍。分部分项工程施工方案的主要内容包括分部分项工程内容和主要参数、施工条件、目标、特点及重难点分析等。

(3)施工安排

施工安排主要明确组织机构及职责、施工部位及施工流水组织、工期安排和劳动力组织等内容。

①组织机构及职责:根据施工组织设计确定的组织机构及分部分项工程所涉及的内容进一步细化分工和职责。组织机构应细化到分包管理层,并明确姓名及职责分工。

②施工部位及施工流水组织:应明确分部分项工程中包含哪些施工部位。明确分包队伍的任务划分、施工区域的划分、流水段划分及施工顺序。

③工期安排:明确该分部分项工程的起始时间,并将该部分工期在施工组织设计的总控计划下,结合施工流水段划分和资源配置进行细化。

④劳动力组织:确定工程用工量并编制专业工种劳动力计划表。

(4)施工准备

施工准备主要包括现场准备、技术准备、机具准备、材料准备、试验检验和资金准备。

(5)主要施工方法

施工方法是施工方案的核心,合理的方法是确保分部分项工程顺利施工的关键。施工方法的选择要符合法律法规和技术规范的要求,做到科学、先进、可行、经济。应对施工工艺流程和施工要点进行描述,对施工难度大、技术含量高的工序应作重点描述,并对季节性施工提出具体要求。

（6）质量要求

明确质量标准和质量控制措施，并应包含成品保护措施。

（7）其他要求

明确安全、消防、绿色施工等施工措施。

3）施工方案的编制要求

开工前，项目部应确定所需编制的专项技术施工方案、专项安全施工方案的范围，制订项目主要技术方案计划表（本计划应包含机电工程施工方案）。

施工方案的编写要求如下：

①施工方案在编制前，做到充分的讨论。主要分部分项工程在编制前，应由项目技术负责人组织项目技术、工程、质量、安全、商务、物资等相关部门以及分包相关人召开策划会。在策划会上策划流水段划分、劳动力安排、工程进度、施工方法的选择、质量控制、绿色施工措施等内容，并在会上达成一致意见。这样才能保证方案的编制不流于形式，且具有很好的实施性和指导性。

②施工方法选择要合理。同时具有先进性、可行性、安全性、经济性才是最好的施工方法，因此需要对工程实际条件、技术实力和管控水平进行综合权衡。只要能满足施工目标要求、适应施工单位施工水平、经济能力能承受的方法就是合理的方法。

③施工方案中的施工工艺切忌照抄施工工艺标准。目前我们参考的施工工艺标准具有共性和普遍性，没有针对性，编制方案时应针对工程的实际特点，制订针对性的施工工艺，才能有效的指导施工。

④施工方案编写人要求。施工方案编写由项目技术负责人主持，项目技术部或有资格的责任工程师编制，项目部相关人员共同参与完成。

临电施工组织设计由项目部的电气专业责任工程师编制。

建筑工程实行施工总承包的，专项方案应当由施工总承包单位组织编制。其中，起重机械安装拆卸工程、深基坑工程、附着式升降脚手架等专业工程实行分包的，其专项方案可由专业承包单位组织编制。

⑤凡符合住房和城乡建设部关于《危险性较大的分部分项工程安全管理办法》（建质［2009］87号）规定的必须编制安全专项施工方案，符合论证条件的必须按要求进行专家论证。

4）施工方案的审核、会审及审批要求

施工方案依据其重要程度分为总承包单位审批和项目部审批。Ⅰ、Ⅱ类施工方案需要总承包单位审批，审批流程见图5.1。其中Ⅰ类方案为超过一定规模的分部分项安全专项施工方案，必须按照要求进行专家论证后方可实施。Ⅲ类施工方案项目部审批即可（根据总承包单位的要求，也可由总承包单位技术负责人审批），审批流程见图5.2。

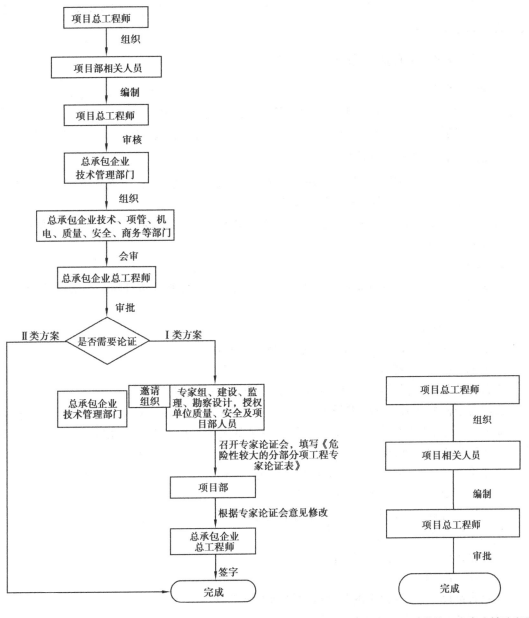

图 5.1　Ⅰ、Ⅱ类安全专项施工方案审批流程图　　　图 5.2　Ⅲ类施工方案审批流程图

对于起重机械安装拆卸工程、深基坑工程、附着式升降脚手架工程等由专业公司分包的专业工程,其施工方案由专业公司编制,由专业公司技术负责人审批。对于专业公司编制的安全专项方案,施工总承包单位技术管理部门应组织总部相关职能部门进行会审,企业技术负责人审定签字。对于专业公司编制的一般技术方案,由施工总承包方项目部技术负责人进行审批。

需要执行公司审批手续的常见方案主要有:基坑支护、降水工程、土方工程、模板工程及支撑体系、高大支模及满堂脚手架工程(超 5m 未超 8m)、塔吊安拆及群塔作业、外用电梯安拆工程、脚手架工程、卸料平台及移动操作平台工程、吊篮工程、拆除、爆破工程、预应力工程、钢结构工程(制作、运输、安装、涂装)、幕墙工程、人工挖孔桩工程、地下暗挖工程、其他危险性较大的分部分项工程。

▶ 5.1.2 安全专项施工方案

为加强对危险性较大的分部分项工程安全管理,住建部于 2009 年制定了《危险性较大的分部分项工程安全管理办法》(建质[2009]87 号),明确安全专项施工方案编制内容,规范专家论证程序,确保安全专项施工方案实施,积极防范和遏制建筑施工生产安全事故的发生。

1)危险性较大的分部分项工程

危险性较大的分部分项工程是指建筑工程在施工过程中存在的、可能导致作业人员群死群伤或造成重大不良社会影响的分部分项工程。

施工总承包单位应当在危险性较大的分部分项工程施工前编制安全专项施工方案。危险性较大的分部分项工程主要包括:

(1)基坑支护、降水工程

开挖深度超过 3 m(含 3 m)或虽未超过 3 m 但地质条件和周边环境复杂的基坑(槽)支护、降水工程。

(2)土方开挖工程

开挖深度超过 3 m(含 3 m)的基坑(槽)的土方开挖工程。

(3)模板工程及支撑体系

①各类工具式模板工程:包括大模板、滑模、爬模、飞模等工程。

②混凝土模板支撑工程:搭设高度 5 m 及以上;搭设跨度 10 m 及以上;施工总荷载 10 kN/m² 及以上;集中线荷载 15 kN/m 及以上;高度大于支撑水平投影宽度且相对独立无联系构件的混凝土模板支撑工程。

③承重支撑体系:用于钢结构安装等满堂支撑体系。

(4)起重吊装及安装拆卸工程

①采用非常规起重设备、方法,且单件起吊重量在 10 kN 及以上的起重吊装工程。

②采用起重机械进行安装的工程。

③起重机械设备自身的安装、拆卸。

(5)脚手架工程

①搭设高度 24 m 及以上的落地式钢管脚手架工程。

②附着式整体和分片提升脚手架工程。

③悬挑式脚手架工程。

④吊篮脚手架工程。

⑤自制卸料平台、移动操作平台工程。

⑥新型及异型脚手架工程。

(6)拆除、爆破工程

①建筑物、构筑物拆除工程。

②采用爆破拆除的工程。

(7)其他

①建筑幕墙安装工程。

②钢结构、网架和索膜结构安装工程。

③人工挖扩孔桩工程。

④地下暗挖、顶管及水下作业工程。

⑤预应力工程。

⑥采用新技术、新工艺、新材料、新设备及尚无相关技术标准的危险性较大的分部分项工程。

2)超过一定规模的危险性较大的分部分项工程

对于超过一定规模的危险性较大的分部分项工程,施工总承包单位应当组织专家对安全专项施工方案进行论证。超过一定规模的危险性较大的分部分项工程主要包括:

(1)深基坑工程

①开挖深度超过 5 m(含 5 m)的基坑(槽)的土方开挖、支护、降水工程。

②开挖深度虽未超过 5 m,但地质条件、周围环境和地下管线复杂,或影响毗邻建筑(构筑)物安全的基坑(槽)的土方开挖、支护、降水工程。

(2)模板工程及支撑体系

①工具式模板工程:包括滑模、爬模、飞模工程。

②混凝土模板支撑工程:搭设高度 8 m 及以上,搭设跨度 18 m 及以上;施工总荷载 15 kN/m² 及以上;集中线荷载 20 kN/m 及以上。

③承重支撑体系:用于钢结构安装等满堂支撑体系,承受单点集中荷载 700 kg 以上。

(3)起重吊装及安装拆卸工程

①采用非常规起重设备、方法,且单件起吊重量在 100 kN 及以上的起重吊装工程。

②起重量 300 kN 及以上的起重设备安装工程;高度 200 m 及以上内爬起重设备的拆除工程。

(4)脚手架工程

①搭设高度 50 m 及以上落地式钢管脚手架工程。

②提升高度 150 m 及以上附着式整体和分片提升脚手架工程。

③架体高度 20 m 及以上悬挑式脚手架工程。

(5)拆除、爆破工程

①采用爆破拆除的工程。

②码头、桥梁、高架、烟囱、水塔或拆除中容易引起有毒有害气(液)体或粉尘扩散、易燃易爆事故发生的特殊建、构筑物的拆除工程。

③可能影响行人、交通、电力设施、通信设施或其他建、构筑物安全的拆除工程。

④文物保护建筑、优秀历史建筑或历史文化风貌区控制范围的拆除工程。

(6)其他

①施工高度 50 m 及以上的建筑幕墙安装工程。

②跨度 36 m 及以上的钢结构安装工程;跨度 60 m 及以上的网架和索膜结构安装工程。

③开挖深度超过 16 m 的人工挖孔桩工程。

④地下暗挖工程、顶管工程、水下作业工程。

⑤采用新技术、新工艺、新材料、新设备及尚无相关技术标准的危险性较大的分部分项工程。

3)安全专项施工方案主要内容

安全专项施工方案应当包括以下主要内容:

①工程概况:危险性较大的分部分项工程概况、施工平面布置、施工要求和技术保证条件。

②编制依据:相关法律、法规、规范性文件、标准、规范及图纸(国标图集)、施工组织设计等。

③施工计划:包括施工进度计划、材料与设备计划。

④施工工艺技术:技术参数、工艺流程、施工方法、检查验收等。

⑤施工安全保证措施:组织保障、技术措施、应急预案、监测监控等。

⑥劳动力计划:专职安全生产管理人员、特种作业人员等。

⑦计算书及相关图纸。

▶ 5.1.3 施工方案的过程管理

1)施工方案交底

(1)施工方案技术交底要求

施工方案在完成审批手续后,专项工程实施前,应由编制人员或项目技术负责人向现场管理人员和作业人员进行技术交底。

施工方案交底必须履行交接签字手续,形成书面技术交底记录。施工方案交底可以以书面形式或视频、语音课件、PPT 文件、样板观摩等方式进行。

施工方案技术交底一般由项目技术负责人主持,项目技术负责人或方案编制人向责任工程师进行交底,项目工程部、质量人员、安全人员参加,分承包方相关负责人及班组长参加。

施工方案调整并重新审批后,应重新组织交底。

(2)施工方案交底内容

①施工项目的内容和工程量。

②施工图纸解释(包括设计变更和设备材料代用情况及要求)。

③质量标准和特殊要求;保证质量的措施;检验、试验和质量检查验收评定依据。

④施工步骤、操作方法和采用新技术的操作要领。

⑤安全文明施工保证措施、职业健康和环境保护的保证措施。

⑥技术和物资供应情况。

⑦施工工期的要求和实现工期的措施。

⑧施工记录的内容和要求。

⑨降低成本措施。

⑩其他施工注意事项。

2)施工技术复核

在施工过程中,项目技术部应对施工方案的执行情况进行检查、分析并适时调整。为确保施工方案的实施力度和有效性,项目部技术负责人应对施工方案的落实情况定期检查(以周或月为单位),并填写检查结果和整改意见,由整改负责人签认并按意见进行整改,整改后再经检查人复核。

► **5.1.4 混凝土工程施工方案编制要点**

混凝土工程施工方案编制和审批以前,应对周边商品混凝土搅拌站进行考察,明确搅拌站选用技术标准,并对搅拌站进行技术交底。

1)编制依据

编制依据包括:设计图纸,该工程施工组织设计,规范、规程、图集、法规、质量验收标准、管理手册等,有关的安全规范、标准也应归纳在内(见表5.1)。

表 5.1　混凝土工程施工方案编制依据

序　号	名　称	编　号
1	图纸	
2	施工组织设计	
3	有关规程、规范	
4	有关标准	
5	有关图集	
6	有关法规	
7	其他	
8		
9		

2)工程概况

工程概况包括与混凝土有关的设计概况、工程概况、混凝土强度等级、流水段的划分(应附流水段的划分图,分地下、地上、非标准层、标准层)、质量目标等,应突出该分项工程的难点(包括现场难点、技术难点)。

(1)设计概况(见表5.2)

表 5.2　设计概况

序号	项　目	内　容			
1	建筑面积(m²)	总建筑面积		地下每层面积	
		占地面积		标准层面积	
2	层数	地下		地上	
3	层高(m)	B1		B3	
		B2		B4	
		非标准层		标准层	

续表

序号	项　目	内　容			
4	高度(m)	基准标高		基坑深度	
		檐口高度		建筑总高	
5	结构形式	基础类型			
		结构类型			
6	地下防水	结构自防水			
		材料防水			
		构造防水			
7	混凝土强度等级				
8	结构断面尺寸(mm)	基础底板厚度			
		外墙厚度			
		内墙厚度			
		柱断面			
		梁断面			
		板厚度			
9	转换层位置				
10	钢筋类别及规格				
11	变形缝位置				
12	碱骨料反应类别				

(2)设计图

±0.00 以下平面图 1 张(可兼作流水段划分图)。

±0.00 以上平面图 1 张(可兼作流水段划分图)。

(3)施工重点难点及其对策(现场重难点和技术重难点)

3)施工安排

(1)施工部位及工期要求(见表 5.3)

表 5.3　施工部位及工期要求

部位＼时间	开始时间			结束时间			备注
	年	月	日	年	月	日	
基础底板							
±0.00 以下							
±0.00 以上							
顶层及风雨间							

（2）混凝土供应方式

①现场搅拌站

现场搅拌站的平面设计：应表示该站的占地面积、搅拌机机型与台数、后台上料的方法；各种原材料的储存位置、数量、计量方法；水电源位置、环保措施、冬期雨期施工措施等。

现场搅拌站的剖面设计：表达机械架设高度、自动上料设备与泵的架设高度、溜槽的角度。

明确混凝土配合比标牌的格式与内容。

②预拌混凝土

对原材料的要求：确定其品种和规格（砂、石、水泥）；外加剂的类型、牌号及技术要求；掺合料的种类和技术要求；配合比的主要参数要求（坍落度、水胶比、砂率）。

（3）劳动组织及职责分工（应有劳务队伍及主要人员姓名）

①管理层（工长）负责人。

②劳务层负责人。

③工人数量及分工。

4）施工准备

（1）技术准备

①搅拌站配合比主要技术参数的要求及试配申请。

②现场养护室设置要求及设备的准备工作。

③±0.00 以下对碱骨料反应的要求。

④对技术交底的要求。

（2）机具准备

列表说明机具的名称、数量、规格、进场日期。

（3）材料准备

列表说明材料的名称、数量、规格、进场日期。

（4）现场准备

根据现场实际情况布置混凝土浇筑的路线，罐车的进出场位置，以及浇筑前对浇筑部位的具体要求等。

5）主要施工方法及措施

（1）流水段的划分（标准层及非标准层分别表示）

±0.00 以下,水平构件与竖向构件分段不一致时应分别表示。

±0.00 以上,水平构件与竖向构件分段不一致时应分别表示。

（2）混凝土的拌制

①原材料计量及其允许偏差（计量设备应定期校验,骨料含水率应及时测定）。

②搅拌的最短时间。

（3）混凝土的运输

预拌混凝土搅拌站的选择,混凝土强度等级、初凝和终凝时间、坍落度、抗渗以及供应速度等技术要求,不同强度等级混凝土的供应方法,现场混凝土水平、垂直运输方式和机具等（应绘制出垂直运输泵管的布置及泵管加固节点部位大样图）。

①运输时间的控制。

②预拌混凝土运输车台数的选定。

③现场混凝土输送方式的选择（塔式起重机吊运、泵送与塔式起重机联合使用、泵送）。

（4）混凝土浇筑

分底板、剪力墙、柱、梁、板、施工缝、后浇带等部位对混凝土的浇筑进行详细描述;混凝土浇筑顺序、间歇时间的控制,分层厚度,振捣要求,施工缝、后浇带的留置与处理,以及其他注意事项。

①一般要求:对模板、钢筋、预埋件的隐预检;浇筑过程中对模板的观察。

②施工缝在继续浇筑前的处理及要求。

③±0.00 以下部分:

a.基础底板:浇筑方法、浇筑方向、泵管布置图等（此处为简要叙述,大体积混凝土施工应编制专项施工方案）。

b.墙体:浇筑方法、布料杆设置位置及要求。

c.楼板:浇筑方法。

④±0.00 以上部分:

a.泵送混凝土的配管设计;混凝土泵的选型;混凝土布料杆的选型及平面布置。

b.工艺要求及措施:浇筑层的厚度;允许间隔时间;振捣棒移动间距;分层厚度及保证措施;倾落自由高度;相同配比减石子砂浆厚度等。

c.框架梁、柱节点浇筑方法及要求。

（5）混凝土试块的留置

除按有关规范规定要求留置（至少留置一组 28d 标养试块）外,还应考虑以下内容:

①同条件养护实体检验试块。

②拆模同条件强度试块。

③备用试块（至少两组）。

④抗渗混凝土还应留置抗渗性能试块。

⑤冬期施工还应留置受冻临界强度试块和转常温试块。

（6）混凝土的养护

①梁、板的养护方法。

②墙体的养护方法。

③柱子的养护方法。

6)季节施工的要求

(1)雨期施工的要求

(2)冬期施工的要求

冬期施工对混凝土外加剂、搅拌运输浇灌的要求,混凝土保温养护方法、测温要求等。同时应包括热工计算以及绘制各部位测温点布置图。

7)质量要求及管理措施

主要指混凝土工程的允许偏差及质量要求,按照国家标准《建筑工程施工质量验收统一标准》的要求进行,注明检查、检验的工具和检验方法等。

(1)允许偏差和检查方法

(2)验收方法

(3)质量通病的防治

混凝土工程中易出现的质量通病为:

①模板下口不平造成墙柱烂根。

②门窗洞口变形。

③混凝土墙面气泡过多。

④混凝土蜂窝、麻面、孔洞、露筋、夹渣等。

(4)质量保证措施

(5)成品保护

已浇筑楼板、楼梯踏步上表面混凝土的保护;外架作用在墙体时对混凝土强度的要求;楼梯踏步、门窗洞口、墙柱阳角等角部做护角的保护。

8)安全文明施工、消防、绿色施工措施

(1)安全文明施工保证体系

(2)安全文明施工注意事项

包含泵送的安全要求,针对超高泵送应有泵管防爆措施。

(3)消防环保措施

9)附图

冬期施工测温平面图、泵管布置平面图、泵管布置立面图、大体积混凝土测温平面图、大体积混凝土测温剖面图、大体积混凝土施工现场平面布置图(划分好现场车辆行走路线、车辆等待区、浇筑施工区、泵管布置、混凝土浇筑方向等)。

5.2　主要施工管理计划

▶ 5.2.1　施工管理计划概述

1)主要施工管理计划的内容

主要施工管理计划应包括进度管理计划、质量管理计划、安全管理计划、环境管理计划、成本管理计划、风险管理计划等内容。

2）其他施工管理计划的内容

其他管理计划包括：绿色施工管理计划，防火保安管理计划，合同管理计划，组织协调管理计划，创优质工程管理计划，质量保修管理计划，以及施工现场人力资源、施工机具、材料设备等生产要素的管理计划。这些计划应根据项目的特点、复杂程度及项目管理的需要加以取舍。

3）施工管理计划编制要求

施工管理计划编制要求如下：满足实施施工组织设计确定内容的需要；满足实现项目管理目标的需要；根据项目的特点有所侧重；目标明确，简明扼要，切实可行，易于操作。

▶ 5.2.2 施工进度管理计划

1）施工进度管理计划的概念

施工进度管理计划指为保证实现项目施工进度目标的管理计划。项目施工进度管理应按照项目施工的技术规律和合理的施工顺序，保证各工序在时间上和空间上顺利衔接。

2）施工进度管理计划的内容

①对项目施工进度计划进行逐级分解，通过阶段性进度目标的实现保证最终工期目标的完成。

②建立施工进度管理的组织机构并明确职责，制定相应管理制度。

③针对不同施工阶段的特点，制订进度管理的相应措施，包括施工组织措施、技术措施和合同措施等。

④建立施工进度动态管理机制，及时纠正施工过程中的进度偏差，制订特殊情况下的赶工措施。

⑤根据项目周边环境特点，制订相应的协调措施，减少外部因素对施工进度的影响。

▶ 5.2.3 质量管理计划

1）质量管理计划的概念

质量管理计划指为保证实现项目施工质量目标的管理计划。该管理计划可参照《质量管理体系要求》GB/T 19001—2008，在施工单位质量管理体系的框架内编制。

2）质量管理计划的内容

①按照项目具体要求确定质量目标并进行目标分解，质量指标应具有可监测性。

②建立项目质量管理的组织机构并明确职责。

③制订符合项目特点的技术保障和资源保障措施，通过可靠的预防措施，保证质量目标的实现。

④建立质量过程检查制度，并对质量事故的处理作出相应规定。

▶ 5.2.4 安全管理计划

1)安全管理计划的概念

安全管理计划指为保证项目施工职业健康安全目标的管理计划。安全管理计划可参照《职业健康安全管理体系要求》GB/T 28001—2011,在施工单位安全管理体系的框架内编制。现场安全管理应符合国家和地方政府部门的要求。

2)安全管理计划的内容

①确定项目重要危险源,制订项目职业健康安全管理目标。

②建立有管理层次的项目安全管理组织机构并明确职责。

③根据项目特点,进行职业健康安全方面的资源配置。

④建立具有针对性的安全生产管理制度和职工安全教育培训制度。

⑤针对项目重要危险源,制订相应的安全技术措施;对达到一定规模的危险性较大的分部(分项)工程和特殊工种的作业,应制订专项安全技术措施的编制计划。

⑥根据季节气候的变化,制订相应的季节性安全施工措施。

⑦建立现场安全检查制度,对安全事故的处理作出相应规定。

▶ 5.2.5 环境管理计划

1)环境管理计划的概念

环境管理计划指为保证实现项目施工环境目标的管理计划。环境管理计划可参照《环境管理体系要求及使用指南》GB/T 24001—2004,在施工单位环境管理体系的框架内编制。现场环境管理应符合国家和地方政府部门的要求。

2)环境管理计划的内容

①确定项目重要环境因素,制订项目环境管理目标。

②建立项目环境管理的组织机构并明确管理职责。

③根据项目特点,进行环境保护方面的资源配置。

④制订现场环境保护的控制措施。

⑤建立现场环境检查制度,并对环境事故的处理作出相应规定。

▶ 5.2.6 成本管理计划

1)成本管理计划的概念

成本管理计划指为保证实现项目施工成本目标的管理计划。成本管理计划的编制依据是项目施工预算和施工进度计划。成本管理计划必须正确处理成本与进度、质量、安全和环境之间的关系。

2)成本管理计划的内容

①根据项目施工预算制订项目施工成本目标。

②根据项目施工进度计划,对项目施工成本目标进行阶段分解。

③建立施工成本管理的组织机构并明确职责,制定相应的管理制度。

④采取合理的技术、组织和合同等管理措施,控制施工成本。

⑤确定科学的成本分析方法,制订必要的纠偏措施和风险控制措施。

▶ 5.2.7 风险管理计划

1)风险管理计划的概念

风险是指可以通过分析,预测其发生概率、后果及可能造成损失的未来不确定因素。风险管理计划指为保证实现项目风险管理对策的管理计划。风险管理对策是指为避免或减少发生风险的可能性及各种潜在损失的对策。风险管理计划应与上述各类管理计划相协调。

2)风险管理计划的内容

①对项目风险进行识别、评估,将风险分类为可忽略的、可允许的、中度的、重大的、不允许的。

②分别对中度的、重大的、不允许的三类风险制订管理对策。

③建立风险管理的组织体系,明确风险管理责任。

④按风险回避、损失控制、风险自留、风险转移等类别划分风险对策。

⑤制订相应的风险监控措施、制度和应急计划。

▶ 5.2.8 绿色施工管理计划

绿色施工管理计划在绿色施工方案的基础上编制,其内容如下:

①明确绿色施工方案确定的绿色施工目标。

②建立绿色施工组织体系,分配绿色施工管理责任及沟通方式。

③制定绿色施工管理制度。

④确定动态管理方式、监控程序、评估及成果资料管理办法。

5.3 BIM 技术的应用

▶ 5.3.1 BIM 技术的定义与应用价值

BIM 技术(即建筑信息模型,是 Building Information Modeling 的英文缩写)是创建并利用数字化模型对建设工程项目的设计、建造和运营全过程进行管理和优化的过程、方法和技术,是建筑信息完整协调的数据组织,便于计算机应用程序运用访问、修改或添加。这些信息包括按照工业标准表达的建筑设施的物理和功能特点,以及其相关的项目或生命周期信息。

2012 年,我国成立了建筑信息模型产业技术创新战略联盟(简称中国 BIM 发展联盟),在中国 BIM 发展联盟的支持下,中国工程建设标准化协会建筑信息模型专业委员会(简称中国 BIM 标委会)得以成立,同年住建部启动了国家标准《建筑工程信息模型应用统一标准》的编制工作,从此,它也适用于建筑物生命周期中各个阶段内以及各阶段之间信息交换和共享,包括建筑设计、施工、管理等,它应用将在可视化、模拟性、协调性、优化性、可出图性、降成本、升质量、助管理方面产生价值。

（1）可视化

对简单的建筑工程项目来说,施工图采用线条进行构件的信息表达,真实的构造形式由从业人员通过想象去处理的方式基本还是可行的。但近年建筑业的建筑形式各异,复杂造形在不断地推出,仅靠想象去处理工程项目就未免有点不太现实了。

（2）协调性

在建筑工程项目执行过程中,由于各参建单位之间的沟通不到位,往往容易出现各种专业之间以及阶段之间的碰撞问题,例如:地下排水布置与其他设计布置的协调、不同类型车辆在停车场的行驶路径与其他设计布置及净空要求的协调、楼梯布置与其他设计布置及净空要求的协调、市政工程布置与其他设计布置及净空要求的协调、公共设备布置与私人空间的协调、竖井/管道间布置与净空要求的协调以及建筑业规则。如图 5.3 所示,BIM 可在建筑物建造前期对各专业的碰撞问题进行协调,生成协调数据。

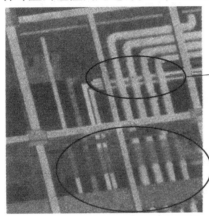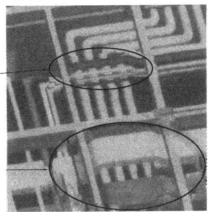

图 5.3　BIM 模型的碰撞性检查

（3）模拟性

模拟性并不是指简单模拟出建筑物模型,利用 BIM 技术还可以对许多不能在真实世界中进行操作的事物进行提前设计、施工、运营模拟等。

传统施工管理常用二维横道图与直方图对施工进度计划与资源计划进行表示,难以清晰表达动态施工过程,容易导致决策失误和管理不力等情况出现,BIM 在招投标和施工阶段可以进行 n 维模拟施工管理(在三维模型的基础上增加项目的发展时间),也就是根据施工的组织设计对工程构件、施工进度、动态资源、场地管理等方面进行可视化的模拟,从而确定合理的施工方案来指导施工。进行五维模拟(如基于三维模型的造价控制)还可以实现成本控制。目前,通过可视化的施工模拟,及时消除了施工碰撞,优化了施工方案,如通过不同工况下的结构施工模拟,及时掌握了巨型钢结构施工过程中的挠度和内力,为解决 45 m 大悬挑结构的施工技术难题奠定了基础。

（4）优化性

BIM 提供了建筑物实际存在的如几何信息、物理信息、规则信息、建筑物变化以后的实际存在等信息,配套各种优化工具,可对复杂项目进行优化。如在项目方案优化时,BIM 可把项目设计和投资回报分析结合起来,实时计算出设计变化对投资回报的影响,有利于业主明确设计方案与自身需求的一致性;特殊项目(例如裙楼、幕墙、屋顶、大空间等处的异型设计)的投资、工作量和施工难度比较大,施工问题往往也比较多,利用 BIM 对其设计施工方案进行优化,也可以带来显著的工期和造价改进。如为了解决巨型钢结构安装过程中隔震层力与变形的控制难题,通过图 5.4 所示的巨型钢结构的施工模拟,解决了巨型结构基础隔震施工中面临的大直径联合隔震支座预埋钢板高精度定位、巨型柱脚底板与隔震支座连接板平面度控制和巨型结构构件的安装过程控制等难题,实现了基础隔震技术在巨型钢结构中的首次成功应用。

(a)巨型钢结构隔震施工照片   (b)巨型钢柱施工模拟

图 5.4 施工方案优化

(5)可出图性

通过对建筑物进行可视化展示、协调(碰撞检查)、模拟、优化(设计修改),BIM 可以提供的图纸包括消除了相应错误以后的综合管线图、综合结构留洞图(预埋套管图)、碰撞检查侦错报告和建议改进方案。

(6)降成本

管理的支撑是数据,BIM 数据库可以实现任一时点上工程基础信息的快速获取,通过合同、计划与实际施工的消耗量、分项单价、分项合价等数据的多算对比,为施工企业制订精确的人、材计划提供有效支撑,减少资源、物流和仓储环节的浪费,为实现限额领料、消耗控制提供了技术支撑;可有效了解项目运营盈亏状况、消耗量有无超标、进货分包单价有无失控等问题,实现对项目成本风险的有效管控。

(7)升质量

BIM 利用三维可视化功能再加上时间维度,可以进行碰撞检查、优化设计和虚拟施工,减少各种可能存在的错误损失和返工的可能性,随时随地直观快速地进行施工计划与实际进展的对比,进行有效协同,施工方、监理方甚至非工程行业出身的业主方都可对工程项目的各种问题和情况了如指掌;BIM 结合施工方案、施工模拟和现场视频监测,可大大减少建筑质量问题、安全问题,减少返工和整改;利用碰撞优化后的三维管线方案,进行施工交底、施工模拟,可提高施工质量和与业主沟通的能力。

(8)助管理

BIM 通过建立 5D 关联数据库,可准确快速计算工程量,提升施工预算的精度与效率。由于 BIM 数据库的数据精度达到构件级,可以快速提供支撑项目各条线管理所需的数据信息,有效提升施工管理效率;BIM 模型可以作为三维渲染开发的模型基础,大大提高了三维渲染效果的精度与效率,给业主更为直观的宣传介绍,提升中标几率;BIM 数据库中的数据具有可计量的特点,大量工程相关的信息可以为工程提供数据后台的巨大支撑;BIM 中的项目基础数据可以在各管理部门进行协同和共享,工程量信息可以根据时空维度、构件类型等进行汇总、拆分、对比分析等,保证工程基础数据及时、准确地提供,为决策者制订工程造价项目群管理、进度款管理等方面的决策提供依据。

▶ 5.3.2 建筑企业信息化发展战略

住建部《2011—2015 年建筑业信息化发展纲要》要求:"十二五"期间我国要基本实现建筑企业信息系统的普及应用,加快建筑信息模型(BIM)、基于网络的协同工作等新技术在工程中的应用,推动信息化标准建设,促进具有自主知识产权软件的产业化,形成一批信息技术应用达到国际先进水平的建筑企业。

1)企业信息化建设

工程总承包、勘察设计及施工类企业应加强信息基础设施建设,提高企业信息系统安全水平,初步建立知识管理、决策支持等企业层面的信息系统,实现与企业和项目管理等信息系统的集成,提升企业决策水平和集中管控能力。

(1)特级资质施工总承包企业

特级资质施工总承包企业应优化企业和项目管理流程,提升企业和项目管理信息系统的集成应用水平,建设协同工作平台,研究实施企业资源计划系统(ERP),结合企业需求实现企业现有管理信息系统的集成,或者基于企业资源计划的理念建立新的管理信息系统,支撑企业向集约化管理和协同管理发展。依据现代企业管理制度的需求,梳理、优化企业管理和主营业务流程,整合资源,适应信息化处理需求,重点建设"一个平台和五大应用系统"。

①信息基础设施平台:

a.建设与软件应用需求相匹配、覆盖下属企业的专用网络,并实现项目现场与企业网络的连接。完善安全措施,保障应用系统的高效、安全、稳定运行。

b.制定本企业的信息化标准,参考国家及行业标准,借鉴其他企业标准,重点建设基础信息编码及施工项目信息化管理等标准。

②五大应用系统:

a.项目综合管理系统:进一步推进项目综合管理系统的普及应用,全面提升施工项目管理水平;

b.企业管理信息系统:重点实现人力资源、财务资金、物资设备、工程项目等管理的集成,消除信息孤岛,在此基础上,逐步建立企业资源计划系统;

c.企业知识管理系统:研究相关知识的采集和管理方法,建立知识管理机制,实现知识管理系统化,为企业提供便利的知识资源再利用平台;

d.企业商业智能和决策支持系统:在完善企业管理信息系统的基础上,探索建立企业数据仓库,逐步发展企业商业智能和决策支持系统;

e.企业间的协同工作平台系统:围绕施工项目,建立企业间的协同工作平台,实现企业与项目其他参与方的有序信息沟通和数据共享。

(2)一级施工企业

一级施工企业应优化企业和项目管理流程,提升企业和项目管理信息系统的集成应用水平,建设协同工作平台,研究实施企业资源计划(ERP)系统,支撑企业的集约化管理和持续发展,重点建设"一个平台和四大应用系统"。

①信息基础设施平台:建设与软件应用需求相匹配的企业网络系统,实现与下属企业及项目现场的网络连接。完善安全措施,保障应用系统的高效、安全、稳定运行。

②四大应用系统:

a.企业办公自动化系统:普及应用企业办公自动化系统,提高企业办公效率;

b.项目综合管理系统:普及应用项目综合管理系统,提升施工项目管理水平;

c.企业管理信息系统:重点建设并集成人力资源、财务资金、物资材料三大系统,实现企业管理与主营业务的信息化;

d.企业间的协同工作平台:围绕施工项目,逐步建立企业间的协同工作平台,实现企业与项目其他参与方的有序信息沟通和数据共享。

(3)二级及专业分包施工企业

二级及专业分包施工企业应优化企业和项目管理流程,提升企业和项目管理信息系统的集成应用水平,建设协同工作平台,研究实施企业资源计划(ERP))系统,支撑企业的集约化管理和持续发展,重点建设"一个平台和四大应用系统"。

①信息基础设施平台:建设与软件应用需求相匹配的企业网络系统,实现与项目现场的网络连接。完善安全措施,保障应用系统的高效、安全、稳定运行。

②应用系统:

a.企业办公自动化系统:建设企业办公自动化系统,提高企业办公效率;

b.企业管理信息系统:重点建设并集成财务资金及物资材料等系统,逐步实现企业管理与主营业务的信息化。

2)专项信息技术应用

加快推广 BIM、协同设计、移动通讯、无线射频、虚拟现实、4D 项目管理等技术在勘察设计、施工和工程项目管理中的应用,改进传统的生产与管理模式,提升企业的生产效率和管理水平。

(1)设计阶段

①积极推进协同设计技术的普及应用,通过协同设计技术改变工程设计的沟通方式,减少"错、漏、碰、缺"等错误的发生,提高设计产品质量。

②探索研究基于 BIM 技术的三维设计技术,提高参数化、可视化和性能化设计能力,并为"设计施工一体化"提供技术支撑。

③积极探索项目全生命周期管理(PLM)技术的研究和应用,实现工程全生命周期信息的有效管理和共享。

④研究高性能计算技术在各类超高、超长、大跨等复杂工程设计中的应用,解决大型复杂结构高精度分析、优化和控制等问题,促进工程结构设计水平和设计质量的提高。

⑤推进仿真模拟和虚拟现实技术的应用,方便客户参与设计过程,提高设计质量。

⑥探索研究勘察设计成果电子交付与存档技术,逐步实现从传统文档管理到电子文档管理的转变。

(2)施工阶段

①在施工阶段开展 BIM 技术的研究与应用,推进 BIM 技术从设计阶段向施工阶段的应用延伸,降低信息传递过程中的衰减。

②继续推广应用工程施工组织设计、施工过程变形监测、施工深化设计、大体积混凝土计

算机测温等计算机应用系统。

③推广应用虚拟现实和仿真模拟技术,辅助大型复杂工程施工过程管理和控制,实现事前控制和动态管理。

④在工程项目现场管理中应用移动通讯和射频技术,通过与工程项目管理信息系统结合,实现工程现场远程监控和管理。

⑤研究基于 BIM 技术的 4D 项目管理信息系统在大型复杂工程施工过程中的应用,实现对建筑工程有效的可视化管理。

⑥研究工程测量与定位信息技术在大型复杂超高建筑工程以及隧道、深基坑施工中的应用,实现对工程施工进度、质量、安全的有效控制。

⑦研究工程结构健康监测技术在建筑及构筑物建造和使用过程中的应用。

▶ 5.3.3 施工阶段的 BIM 应用

1)施工阶段建模方式

施工阶段的 BIM 应用体现在施工组织、深化设计、项目管理、数字化施工和竣工交付等环节,其建模方式主要有重新构建模型和整合模型两种。

(1)重新构建模型

重新构建模型的建模与应用流程如图 5.5 所示。利用设计单位提供的 2D 施工图,承建商建立相应的 3D/BIM 模型,基于 3D、3D/BIM 和 BIM 功能,完成深化设计、可施工性分析和冲突检查、统计、施工模拟(4D)、数字加工制造、竣工交付的信息集成。

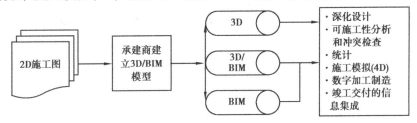

图 5.5 重新构建模型的建模与应用流程

(2)整合模型

整合模型的建模与应用流程如图 5.6 所示。结合设计单位提供的 2D 施工图信息,承建商利用设计单位提供的 3D/BIM 模型,首先根据需要调整 3D/BIM 模型,建立适合自身需求的整合模型,利用 3D/BIM 整合模型进一步完成深化设计、可施工性分析和冲突检查、统计、施工模拟(4D)、数字加工制造、竣工交付的信息集成。

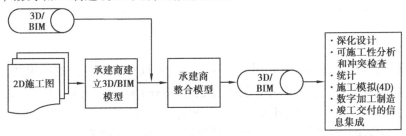

图 5.6 整合模型的建模与应用流程

2)施工阶段 BIM 工具

(1)施工组织

施工组织应考虑施工场地设计、施工进度计划的可视化、施工工艺的模拟和主要物质计划等内容。目前 Autodesk 公司发布的 Navis works 软件具备了解决场地设计、施工模拟(4D)、工艺模拟和主要物质计划(5D)的功能,为实现施工组织的信息化提供了条件;Bentley 公司发布的 Navigator 软件也具备了解决场地设计、施工模拟(4D)和工艺模拟的功能。这些 BIM 工具各有优缺点,应用时可参考表 5.4 进行选择。

表 5.4　常用的施工组织 BIM 工具

软件工具		施工组织			
公　司	软　件	场地设计	4D	工艺模拟	5D
Autodesk	Revit	●			
	Navis works	●	●	●	●
	Inventor			●	
	Civil 3D	●			
Bentley	AECOsim Building Designer	●			
	Navigator	●	●	●	
	ConstructSim		●		●
FORUM 8	UC-win/Road			●	
Graphisoft	ArchiCAD	●			
Progman Oy	MagiCAD				●
Synchro	Synchro Professional		●		
Trimble	Tekla Structure			●	
Trimble	Vico Office		●		●

(2)深化设计

与施工组织相似,不同的 BIM 工具在深化设计阶段同样有着各自的适用性,如 Autodesk 公司发布的 Revit 软件适用于机电安装深化设计、Inventor 软件可以用于幕墙深化设计;Bentley 公司发布的 AECOsim Building Designer 软件可以用于机电安装深化设计、ProSteel 软件可以用于钢结构深化设计等。施工阶段对钢结构、幕墙和机电安装工程进行深化设计时,可参考表 5.5 选择 BIM 工具。

表 5.5 常用的深化设计 BIM 工具

软件工具		深化设计		
公司	软件	钢结构深化设计	幕墙深化设计	机电安装深化设计
Autodesk	Revit			●
	Inventor		●	
	AutoCAD MEP/Fabrication CADmep			
AutoDesSys	Bonzai3D		○	
Bentley	AECOsim Building Designer			●
	ProSteel	●		
Gehry Technologies	Digital Project		●	●
Progman Oy	MagiCAD			●
Trimble	Tekla Structure	●		
Solibri	Model Checker			●
	Model Viewer	●	●	●
	IFC Optimizer	●	●	●
Robert McNeel	Rhino		○	

注:●—适用;○—不适用。

(3)项目管理

在项目管理过程中,利用 BIM 工具完成进度控制(4D)、综合成本的管理(5D)和项目参与方协调等工作时,可参考表 5.6 进行选择。

表 5.6 常用的项目管理 BIM 工具

软件工具		深化设计		
公司	软件	4D	5D	协调
Autodesk	Navis works	●		●
Bentley	Navigator			●
	ConstructSim	●		
Vico	Virtual Construction	●	●	●

如项目进度控制时,借助 Autodesk 公司发布的 Navis works 软件等 4D 工具,按照施工计划首先对工程项目建设过程中的建造、临时性措施、拆除等活动类型的视觉行为进行分配,然后根据施工方法、特点将 3D/BIM 模型进行重组或者改编,通过手工或自动方式将模型构件与建造活动进行关联,从而实现 4D 建模。其基本流程如图 5.7 所示。

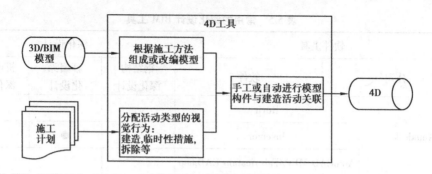

图 5.7　4D 建模基本流程

（4）数字化施工

数字加工制造和施工放样是数字化施工的重要内容，目前许多软件工具都可以实现数字加工制造和施工放样的 BIM 应用要求。常用的数字化施工 BIM 工具可参考表 5.7。

表 5.7　数字化施工的 BIM 工具

软件工具		数字化施工	
公　司	软　件	数字加工制造	数字放样
Trimble	Tekla Structure	●	
Bentley	ProSteel	●	
Gehry Technologies	Digital Project	●	
Trimble	LM80		●

（5）竣工交付

BIM 的信息集成应该为日后运维阶段的信息资料查询、更新提供极大的便利。因此，竣工交付的 BIM 模型，应注意确保软件模型文件格式的兼容性、增加模型运维管理信息以及建立后关联。

3）BIM 技术应用的存在困难

（1）软件对接困难

目前尚无统一的软件数据格式标准，设计、施工、监理等各方使用软件不同，造成数据格式多样，信息详略程度不同，各个软件间数据无法通用，更无法相互编辑，而大型工程的数据量十分巨大，数据转换和匹配工作难以实施。

（2）信息传递路线复杂

工程项目涉及众多参与单位，相互之间信息传递路线复杂，如合同、清单、变更、图纸、说明书、签证、进度计划等，文件和数据交互量也十分惊人，且牵涉责权归属，导致难以准确、高效地运用 BIM 技术。

（3）BIM 人才匮乏

国内 BIM 技术应用起步不久，各专业院校尚无完善的 BIM 教学计划，多数技术人员刚开始熟悉 BIM 软件，熟练差异程度很大，项目各个参与方的 BIM 应用水平也参差不齐，因此还需要相当长的培训推广时间。

思考题

1.施工方案是什么？它分为哪三类？

2.施工方案的编制应包括哪些内容？

3.安全专项施工方案应当包括哪些主要内容？

4.什么是危险性较大的分部分项工程？它包括哪些内容？

5.什么是深基坑工程？什么是高大模板工程？

6.超过一定规模的危险性较大的分部分项工程安全专项施工方案应由谁组织专家进行论证？论证会议中哪些单位必须参加？

7.施工组织设计中的主要施工管理计划有哪些？

8.BIM 技术是什么？它应用将在哪些方面产生价值？

9.专项信息技术在施工阶段有哪些应用？

10.施工阶段的 BIM 应用的工具有哪些？

11.目前,我国在建筑施工阶段的 BIM 技术应用主要存在什么困难？

参考文献

[1] 中华人民共和国国家标准.建筑施工组织设计规范 GB/T50502—2009[S].北京:中国建筑工业出版社,2009.

[2] 中华人民共和国国家标准.建设工程施工质量验收统一标准 GB50300—2013[S].北京:中国建筑工业出版社,2013.

[3] 中华人民共和国行业标准.工程网络计划技术规程 JGJ/T121—2015[S].北京:中国建筑工业出版社,2015.

[4] 建筑施工手册编写组.建筑施工手册[M].北京:中国建筑工业出版社,2003.

[5] 周国恩,周兆银.建筑工程施工组织设计[M].重庆:重庆大学出版社,2011.

[6] 丛培经,张义昆.建设工程施工组织设计方法与实例[M].北京:中国电力出版社,2015.

[7] 孟小鸣.施工组织与管理[M].北京:中国电力出版社,2008.

[8] 贺晓文,伊运恒.建筑工程施工组织[M].北京:北京理工大学出版社,2016.

[9] 中国建设教育协会继续教育委员会.建筑工程施工项目技术管理[M].北京:中国建筑工业出版社,2016.

[10] 中国建设教育协会继续教育委员会.建筑施工新技术[M].北京:中国建筑工业出版社,2016.

[11] 广东省建设执业资格注册中心.二级建造师继续教育必修课教材之三(上册)[M].北京:中国环境出版社,2016.

[12] 广东省建设执业资格注册中心.二级建造师继续教育必修课教材之三(下册)[M].北京:中国环境出版社,2016.